连接更多书与书,书与人,人与人。

HEAT 能量法则

超级个体崛起的 4 个关键要素

张家瑞 著

当代世界出版社
THE CONTEMPORARY WORLD PRESS

图书在版编目（CIP）数据

HEAT能量法则：超级个体崛起的4个关键要素/张家瑞著.--北京：当代世界出版社，2018.5
ISBN 978-7-5090-1391-5

Ⅰ．①H… Ⅱ．①张… Ⅲ．①成功心理－通俗读物 Ⅳ．①B848.4-49

中国版本图书馆CIP数据核字（2018）第095347号

HEAT能量法则

作　　者：	张家瑞
出版发行：	当代世界出版社
地　　址：	北京市复兴路4号（100860）
网　　址：	http://www.worldpress.org.cn
编务电话：	（010）83908456
发行电话：	（010）83908409
	（010）83908377
	（010）83908423（邮购）
	（010）83908410（传真）
经　　销：	全国新华书店
印　　刷：	北京欣睿虹彩印刷有限公司
开　　本：	880mm×1230mm　1/32
印　　张：	7.75
字　　数：	160千字
版　　次：	2018年7月第1版
印　　次：	2018年7月第1次印刷
书　　号：	ISBN 978-7-5090-1391-5
定　　价：	45.00元

如发现印装质量问题，请与承印厂联系调换。
版权所有，翻版必究，未经许可，不得转载！

推荐序 Recommend Preface

认清生命的真相　勇敢前行

作为一名培训师，我酷爱各种思维模型。能够开发出模型的人，意味着对某一个领域，进行了系统的思考和研究，并具备了高度的提炼和总结能力。

所以当张家瑞和我分享他开发的"HEAT能量法则"模型时，我兴奋不已；他请我为新书作序，我欣然应允。

上个周末，我去郊区看望岳父岳母，在院子里听到两个邻居聊天：一个是七十多岁的王爷爷，一个是八十多岁的杨爷爷。

王爷爷问杨爷爷："吃了吗？"

满头白发、精神矍铄的杨爷爷答："吃过了。"

王爷爷开玩笑说："你是吃一顿少一顿了。"

杨爷爷笑答："怎么能这么说，我是吃一顿赚一顿。"

王爷爷笑道:"还嘴硬,你是活一天少一天了。"

杨爷爷笑回:"我是活一天,赚一天好嘛?"

作为听众的我,忍俊不禁。杨爷爷的回答,不正符合家瑞书中提及的H,积极的思维习惯(Habit)嘛?

在我翻译的畅销书《自控力:和压力做朋友》中,作者就曾经提到,一个人怎么看待变老这件事,会影响他的寿命,及晚年的幸福程度。

杨爷爷八十多了,依然写作、种菜、做饭,把老年生活过得有滋有味,兴致盎然,羡煞我们这些暮气沉沉、老气横秋的中年人。

这就是积极思维习惯的力量。

在《HEAT能量法则》的第二章和第三章,家瑞分别论述了精力(Energy)和注意力(Attention)管理,这对于身处信息纷繁复杂时代的我们,尤为重要。他在这两章分享了很多实用的技巧,非常值得践行。

在印度尼西亚一个岛上,有一片香蕉园。香蕉成熟时,岛上的猴子经常来偷食,岛民们头疼不已。猴子们经常趁夜色而来,一番糟蹋,让人防不胜防。

一段时间之后,岛民终于想出一个办法。他们在香蕉树上,用结实的绳子,拴上椰子,椰子上打了一个猴爪大小的洞。椰汁被倒空，里面放了一种甜米，这种甜米是猴子特别喜欢吃的食物。

夜幕降临，偷惯了香蕉的猴子，又如约而至。不，没约就来了。

一只小猴子，探头探脑观察敌情，确定安全后，噌噌噌爬上了香蕉树。扯下，剥开，吃掉一根香蕉。当再伸爪够香蕉的时候，哟，小猴子忽然看到头上有一个椰子。

它好奇地伸爪，碰了一下，迅速地收回。哦，安全。它接着又试探地碰了几次，没事儿！不但安全，而且，从椰子的洞里，散发出诱人的甜米味道。

小猴子完全忘记了香蕉的事儿！它在椰子洞口摸索了一会儿，内心好一番纠结。终于抗拒不了诱惑，伸爪进去，握住了那团甜米。

可洞口的大小，只能容猴爪进去。进去是进去了，可握住了甜米，攥成了猴拳，就退不出来了！

小猴子百般挣扎，可无论如何挣不脱。它想连椰子一起扯下来，可绳子将椰子牢牢系在树上。

它只需要将手里，不，爪里的甜米松开，就可以挣脱。可那诱惑太大了，它怎么也舍不得。就这样折腾了一夜，小猴子精疲力竭。第二天早上，岛民赶来。

看到有人过来，小猴子剧烈挣扎，但还是不舍松手，最后被生擒活捉。

用同样的方法，岛民又逮到了几只猴子。猴群里一传十，十传百，再也没猴敢去偷香蕉了。

猴子是多么容易分心啊！本来它们是要偷香蕉的，而半路受到了吸引，分了心，就忘记了自己想要什么。

作为猴子的后代，我们也是，很容易分心，忘记了自己最初的目标。

有些初入职场的孩子，会和我探讨如何更快成功。

而成功的秘密，非常简单，就是专注。

这在《HEAT 能量法则》的第二和第三章，家瑞进行了深入的论述。

谈到专注，就要聚焦目标。《HEAT能量法则》的第四章，就是讲如何设定和执行目标（Target）。但凡有所成就的人，一定都有这个特质：有具体清晰的目标，并坚定执行。

序言将要写完，想起上次和家瑞在深圳见面。

喝着咖啡，我鼓起勇气说："介意我问下吗，你的手什么情况？"家瑞的右手，只剩了两根手指。

家瑞笑答："完全不介意。小时候，放爆竹炸的。"

我一时语塞，内心波澜起伏。

换作是我，我可能会有意把这只手藏起来，不去做那些抛头露脸的工作。

而家瑞，却坦然面对，选择了培训师，这个需要走上舞台，时时曝光在人前的职业。

这内心要多么强大，多么积极乐观啊！

罗曼·罗兰说过，这世间只有一种英雄主义，那就是认清生命的真相后，依然勇敢前行。

我希望，家瑞的书，家瑞的人，能够给所有读者带来力量和能量。

让我们，认清生命的真相后，依然勇敢前行！

鹏程管理学院院长
《把每一天，当作梦想的练习》作者
王鹏程

序言 Preface

近年来，随着"内容付费"、"超级个体"、"斜杠青年"等概念的兴起，职场人士对个人成长的渴望，已经超出了企业所能提供的机会本身，为了能够快速崛起，人们开始大量学习。然而，你是真的在学习，还是假装在学习？以下列举了一些常见的学习现象，测一测，你具备几个。

（1）认为个人成长需要学习，但没有明确的方向，学的内容很杂很广，通常是身边的人学习什么，自己也学习什么，虽然每天都在学习但仍然很焦虑。

（2）参加许多线上或线下的读书会，读大咖读的书或者大咖推荐的书，很少自己主动去选择想要阅读的书。

（3）囤过许多互联网上的知识服务课程，热衷于参加各类免费、收费的微课，线下的"学习"活动。

（4）总是在"学习"，而静下心来思考的时候不多，没有想过自己学了这么多究竟要做什么。

（5）学了很多，却无法将自己学习的东西用几个关键词或模型表达出来。很难做到系统化的输出。

如果上面的五种常见学习现象你同时具备三个或者三个以上，那么你就要小心了，你很可能是"自嗨型"学习，而没有进行真正的学习。这种学习并没有清晰的学习目标，更确切地说，没有方向的学习最多是"享受"了学习的过程。

学习和追求个人成长本是好事和值得鼓励的事，那么问题究竟出在哪里呢？要回答这个问题，我们就要探寻个人成长的本质是什么？个人成长并不是阅读几本书、听几次课或者参加几次大咖的分享就可以的，而是需要高质量的输入，需要聚焦并且不断挖掘深度，通过思考与总结，与已有的知识建立关联并形成新的知识体系，进而在实践中转化为自己的成果或者作品。当你具备了与别人的差异化，你便有了能量，比如当你站在山顶，你就比站在山脚下的人要有能量，差异化产生能量，能量的积累正是个人成长的本质。

作为个体，当我们认识到个人成长的本质是能量的积累后，那么我们该如何蓄能呢？能量本是物理学中的概念，为了更好地认识能量，我们先看一道高中物理题。

"有一个电热水壶，功率是 W，转化率为 P，那么把 m kg 水从初始温度 a 度，加热到温度 b 度，需要的时间 t 是多少？水的比热为常数 J"。

按照能量守恒定律，我们可以得出：$W \times P \times t = m \times (b-a) \times J$，即加热时间 $t = \{m \times (b-a) \times J\}/W \times P$，要想在最快的时间让温度从 a 达到 b，就要提高电热壶的功率或者提高转化率，或者把要烧的水的质量降低。

其实这个简单的物理题就是我们个人成长的底层逻辑，初始温度 a 即我们的现状，想要加热到的温度 b 即我们想要达到的目标，(b-a) 就是理想与现状的差距，是我们追求的目标。若想在最快时间实现我们的目标，一方面我们可以提升功率 W，等同于提升我们的精力，另一方面我们可以提升转化率 P，落实到生活中，即提升我们的注意力，注意力才是我们真正有产出的部分。而质量 m 就是我们生活中的习惯，我们都知道质量越大，惯性越大，阻力也就越大。

在个人成长方面，若想减少阻力，就要养成好习惯，改正坏习惯，这样才能让我们的成长变得更快。于是我们找到了影响个人成长的四个关键要素——习惯、精力、注意力、目标，这四个要素的英文分别是 Habit、Energy、Attention、Target，四个单词的首字母缩写便是"HEAT"，而"HEAT"也是一个英语单词，是"加热、热量"的意思，HEAT 法则注定帮助你"热"起来。

对于个体而言，你无需盲目地"学习"那么多，你只需要抓住个人成长的HEAT法则即可，在本书中，你不仅会学到HEAT法则的四个部分是什么、为什么，而且还会获得可以落地践行的工具。

第一章，着重讲解HEAT法则的首要元素——习惯，包括习惯的原理和重要性、习惯的养成以及在帮助习惯养成中的一些技巧，习惯是个人成长的系数，是能量的倍增，通过这一章，期待可以帮助你重新认识习惯并扫清培养习惯的一些障碍。

第二章，重点讨论HEAT法则中的关键要素——精力，即我们的能量源，巧妇难为无米之炊，如果想提升我们的产出，增加我们的蓄能，精力这个能量源是否充沛起着关键性的作用。精力又可以分为体能精力、情感精力和思维精力，每一个方面的精力应该从哪些方面着手，怎么获得，在这一章你将找到答案。

第三章，我们重点讨论HEAT法则中能量的转化——注意力，我们产生了那么多能量，有多少可以转化为自身的积累呢，能量的转化率如何提升呢？注意力起到了关键作用，传统上我们一直强调时间管理，其实时间是不可管理的，每天都是24小时，固定这么多，本质上我们可以管理的是我们的注意力，注意力才是我们真正有产出的时间，有了注意力才能把精力转化为有产出的能量。

第四章,我们重点讨论HEAT能量法则中的最核心要素——目标,不管是培养习惯、提升精力还是提升注意力,最终都是为了实现我们的目标,清晰的目标才是我们做事的动力和根本出发点,也是我们形成差异化最直接的体现。一旦你明确了自己的目标,就会有效地避免"自嗨型"学习或者盲目地学习,进入真正的学习,实现目标的过程就是最佳的蓄能过程。

总之,这并不是一本仅仅用来阅读的书,更是一本个人成长的践行手册,当你能够看懂的时候,相当于你已经感知到能量的存在,但这时候能量是存在于自然界中的,践行的过程才是把自然界中的能量转化为自身能量的过程。不管是习惯的养成、能量的来源,还是能量的转化以及目标的达成,都需要我们每天去践行,不积跬步无以至千里,不积小流无以成江海。任何大的成就都是从开始的一个微小的行动启程的,相信"复利"的力量,即便短期内没有明显变化,但是长此以往,你的进步或许会吓到今天的自己。今天的你是过去的你的总和,未来的你就是今天的你的总和,你期待未来的你是什么样子,就从今天开始,朝着那个方向践行吧,HEAT会给你能量,让HEAT法则为你不断地蓄能吧。

目录 Contents

推荐序 1

序　言 7

第一章　Habit，习惯，能量的倍增　1

　　习惯的原理及重要性　3
　　习惯的类型与培养（1）　10
　　习惯的类型与培养（2）　15
　　习惯的养成靠动力还是自律　20
　　帮助习惯达成的技巧　27
　　常见导致习惯中断的原因　32

第二章　Energy，精力，能量的来源　37

　　定期运动　　40
　　健康的饮食习惯　　45
　　充足且高质量的睡眠　　51
　　了解不同类型的人的行为特点　　57
　　和谐沟通的 3F 法则　　68
　　管理自己的情绪　　76
　　建立和谐关系的三个技巧　　83
　　培养自己的自信心　　92
　　如何管理自己的焦虑　　99
　　压力、阻力还是助力　　105
　　学会冥想　　111
　　定期放空　　118

第三章　Attention，注意力，能量的转化　123

　　注意力的重要意义　　126
　　注意力记账法　　134
　　专注工作的 3D 准则　　144
　　保持持续专注的技巧　　156

碎片化时间的利用　164

第四章　Target，目标，能量的积累　169

目标的重要性　171

寻找理想职业前的思考　174

如何找到自己钟爱的职业　186

践行目标的原则和工具　201

践行 HEAT 法则是能量的积淀　215

后记　221

参考文献　224

Chapter 1

第一章

Habit，习惯，能量的倍增

第一章
Habit, 习惯，能量的倍增

习惯的原理及重要性

"重复的行为造就了我们。因此，卓越不是一个行为，而是一种习惯。"

——亚里士多德

你早上起来做的第一件事是什么？是去洗澡，还是打开微信刷一下朋友圈？你是在洗脸前刷牙还是在洗脸后刷牙？你刷牙的时候是用左手还是右手？你到公司办公室的第一件事是打开电脑还是整理办公桌面？是先查看邮件还是先写今天要做的工作？我们每天做出的大部分选择看似精心考虑后做出的决策，其实不然，很多选择都是习惯的结果。

杜克大学2006年发布的研究报告表明，我们每天大约有40%的行为都是由习惯自然而然去执行的，而不受自己的意识所控制。这还得从我们大脑的工作原理说起。

美国国家精神卫生研究院（National Institute of Mental Health）大脑研究和行为实验室主任保罗·麦克里恩（Paul MacLean）经研究发现，我们的大脑分为三个部分，它由脑干、边缘系统和大脑新皮层组成。

脑干，也叫"原始脑"，大约在距今二亿到三亿年前已演化形成。其演化程度相似于史前时代进化了数百万年的爬虫类的脑，在较低的生命形态如蜥蜴、鳄鱼和鸟类中同样发现了它，经常被称为"爬虫脑"，属于由本能所驱动的脑。原始脑的作用是维持人体的基本生存功能，控制生命的功能和身体生长过程、器官新陈代谢、维持生命生存的总体水平。原始脑还有一个特点：不愿意变动，维持现状最好。如果外面没有什么危险或者突发状况，就会一直保持现在的状态。我们常常听身边的人讲，我懒癌犯了，其实就是原始脑在起作用，因为它不想动和变化。

大脑的另一个结构是边缘系统，也叫"感性脑"。大约在距今一亿五千万年前已演化形成。在哺乳类动物如老鼠、兔子和马身体上面都有，又名"哺乳动物脑"。感性脑是情绪和自主神经系统的掌控中枢，主要掌管情绪（高兴、愤怒、喜悦、痛苦、情绪等）、感性记忆（以情感主导的记忆）与注意力，控制人们的正向（回馈性）和负向（惩罚性）行为。在进化过程中，感性脑获得了两大革命性的重要功能：学习与记忆。很多日常的行为是自发产生的，就和感性脑记忆的这个特点有关，当遇到和过往相同或类似事物的时候，就由感性脑按照过往的习惯直接处理了。

大脑的最后一个结构是大脑新皮层，也就是"理性脑"，即经常说的"左右脑"。理性脑是最后进化演化的部分，大约在数百万年前由灵长类猿猴的脑持续演化而成。猿猴、海豚、鲸鱼亦有之，但以人类的发育最为完全，所占全脑的比例也最大。理性脑主管语言说话、文字写作、计划推理、学习适应、抽象思考、分析与解决问题等功能，也是整个大脑内最后做分析、规划、整合、协调、决策判断与发号施令最重要的指挥官。遇到事情的时候，理性脑是响应最慢的，思考时间也是最长的，同时，做出的决定也是最理性的。

我们面临的所有事情，几乎全部是由三个脑共同分工协作完成的，只是不同的事情，每个脑行使的分工比例是不同的。我们以吃晚餐为例来看一下三个脑的反映。当你决定减肥不吃晚餐的时候，这时候原始脑会第一个站出来反对，"什么，不吃晚餐？身体的安全怎么保证，我坚决反对。"紧接着感性脑出来说话了，"我记得上次在家附近吃的那个红烧肉超级好吃，每次吃完都好开心，好满足啊。"接着，理性脑慢慢地站起来说，"是这样的，教练说了，晚餐少吃或者不吃更有利于减少体重，同时还有利于脾胃健康，所以我决定不吃，或者补充少量不会造成肥胖的食物。"是不是联想到了大脑里面常常有两个小人打架的场景？其实就是理性脑和感性脑以及原始脑相互博弈的过程。

　　我们再回到习惯上来，为啥习惯会让我们自发地做很多事情呢，这是因为我们的理性脑的工作机制，尽管它处理事情非常理智，但是它处理速度慢，而且一次只能处理一件重要的事情，如果啥事都是它来处理，那么人就会像电脑一样内存占用过大，会发生死机。为了能够让人们不宕机，可以说理性脑一直在寻找一种省力的方式，进而得到更多的休息。当一个人刚刚学习一个技能的时候，这时候大部分的动作是由理性脑支配的，慢慢地，如果这个动作不断地重复成为一种习惯了，就由感性脑直接处理，不会再告知理性脑，这样，理性脑就有了更充沛的精力和时间处理其他事情了。我们可以用学开车的过程来举例：

　　刚学会开车的时候，你倒车时，会非常小心，先评估一下停车位的空间大小是否足够容纳车身，然后坐在座位上全神贯注，调好后视镜，查看是否有障碍物，然后把脚放在刹车上，挂倒挡，脚慢慢从刹车移开，估算着车离后面障碍物的距离，一旦觉得距离不够，你会再把车往前开一点，然后再慢慢重复刚刚的动作往里面挪，在这个过程当中，你是没办法分神的，副驾驶有人和你说话你都不会理，甚至你会让他先下车，以便能够让你专心倒车。几分钟之后，你把车终于停好，这个时候你又可以和朋友谈笑风声了。几个月之后，当你对这一动作习惯后，你不仅能够边倒车边聊天，而且 1 分钟之内就能轻松搞定了。

这个过程完整地诠释了习惯与脑的工作原理的关系，在开始学习倒车停车的时候，很多动作不熟练，你的每一个动作都是由理性脑靠意识去操作的，所以这时候你很难能够再分一部分理性脑出来和朋友聊天。当这些动作熟练之后，基本上理性脑就不参与了，直接由感性脑自动响应了，所以理性脑能够毫无压力地和朋友有说有笑。所以，习惯一旦养成，就会开启自动驾驶模式，直接用过往的习惯和经验处理就好了。

绝大部分事情的处理与学习开车非常类似，于是一个好的习惯和一个不好的习惯的作用就凸显出来了，一个好的习惯可以有效地达到理性脑的处理结果，而一个不好的习惯，常常会做出理性脑不想做出的结果和行动。我们常说，优秀是一种习惯，这是有道理的。优秀的人养成了一个个好的习惯，然后直接丢给感性脑去做决策，加快了大脑的处理进程，进而更有精力去培养新的习惯，从而也就更加优秀。

习惯这东西是符合牛顿第一定律的，也就是惯性定律：任何物体都要保持匀速直线运动或静止状态，直到外力迫使它改变运动状态为止。习惯就是这样一种技能，就好比骑自行车和学游泳，是需要方法和练习的，你无法自然而然就会骑车和游泳，也无法随随便便培养一个习惯。但值得欣慰的是，就好比你一旦学会骑车和游泳后，即便多年不骑车不游泳，你依然会这些技能，习惯也是一样，一旦养成了某个好习惯，除非有持续的非常大的外力作用才可能会改变，不然这个习惯也会伴随你的一生。

以上就是大脑的工作原理以及好习惯的重要性，一个好的习惯可以大大减少理性脑的工作负载，增强理性脑的工作效率，这也是为什么我们说习惯对于一个人来说，是能量的倍增系数。所以，对于一个想成为高效能人才的人而言，养成好的习惯至关重要。值得欣慰的是，即便是不好的习惯，用理性脑有意识地施加外力，也是可以被好的习惯取代的，那么，我们接下来就继续探讨如何培养好的习惯。

第一章
Habit, 习惯，能量的倍增

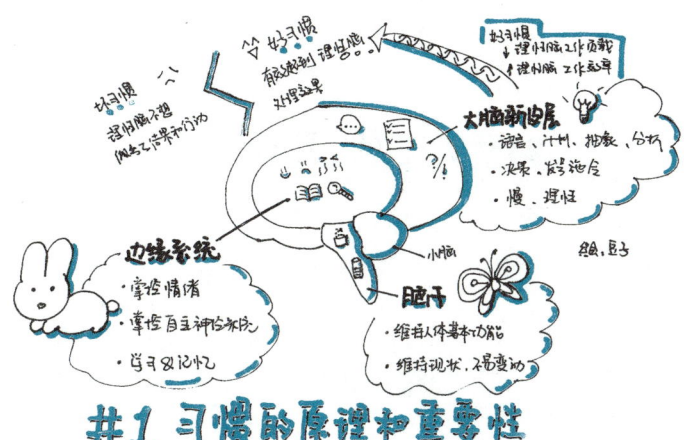

#1 习惯的原理和重要性

习惯的类型与培养（1）

"正向习惯"和"戒除习惯"

在培养习惯的时候，常常分为两种，一种是"正向习惯"，即我要做什么的习惯，比如我要坚持早起，我要坚持锻炼等。还有一种是"戒除习惯"，即我不要做什么的习惯，比如我要戒烟，我不要跷二郎腿等。这两种习惯的培养方式是不一样的。

对于"我要做"的习惯，培养习惯的模型为"触发条件→执行→奖励"。触发条件就是启动某个行为习惯的信号。触发条件的概念源自巴普洛夫的一项研究，他发现每次在喂狗的时候，狗在他还没拿实物之前就开始流口水，后来他发现，这是因为在喂狗之前，他都会摇铃铛。不久，狗就会把摇铃铛这件事和有食物联系起来。摇铃铛就是这里面的触发条件，食物就是奖励。我们在培养一个习惯的时候，也要找到这个触发条件和奖励，比如早上听到闹钟就立马起床，比如到了某个固定的时间，就去健身房锻炼等。触发条件最好找那些比较明显的外在刺激（如闹钟，某个时间，下班等），如果实在找不到外部的触发条件，就寻找内在的触发条件。但通常情况下，外在的触发条件更有利于习惯的养成。比如在写书的过程中，我的触发条件就是，早上6点闹钟响起，我就从床上爬起来，然后去冲凉，设定一个小时的番茄钟专注写作时间，然后在番茄钟结束的时候，我会统计今天写的字数，当看到今天又写了1000多字，会很有成就感，这会激发我第二天还想早起写作。这就是一个典型的培养习惯的做法，这样规律的动作就有利于习惯的培养。

为了更好地记忆培养习惯的模型，我们可以用"if……then……"来表示，也就是if（触发条件），then（执行），then（奖励），比如"if早上6点闹钟响起，then起床冲凉写作，then有成就感""if下班，then去健身，then有愉悦感"。通过建立一个个"if……then……"的方式来执行想要做的事，应该是达成工作目标和培养习惯最实用的方式了。比如，如果时间到了上午九点半或者下午两点，我就开始给客户打电话；如果是周一，就召开部门会议。

对于"戒除类"的习惯，这些习惯在养成的过程中是经历了"我要做"类型习惯的模型"触发条件→执行→奖励",于是有了"触发条件→惯常行为→奖励",要想克服或者改正这个不良习惯,直接消除是不现实的,因为习惯只能被替代,不能被消除。比如当你饿了(触发条件),你会走进餐厅,点一份高热量高脂肪的餐点(惯常行为),然后大口享用(奖励),于是你一天天变胖。要想改变这个习惯,"饿"这个触发条件是不会消除的,但我们可以改变惯常行为,由点一份高热量、高脂肪的餐点改为低糖、低热量、低脂肪的餐点。这样慢慢地,在触发条件产生的时候,我们就用新的惯常行为替换了原来的惯常行为,得到新的奖励,于是就有了"触发条件→新的行为→奖励"的习惯模型。对于戒除类的习惯,找到原来的惯常行为并且用新的行为替换惯常行为是关键中的关键。

当然,要想用新的行为替换惯常行为,有一个前提,就是新的行为所带来的奖励要与惯常行为带来的奖励保持一致。因为要改变一个习惯,必须留住旧习惯中的触发条件和奖励,这样,改变惯常行为才会变得容易。假如一个人喜欢抽烟是觉得那种吞云吐雾的感觉比较帅(奖励),那么这种情况用电子烟代替真实的烟或许也是有效的,因为电子烟也能够带来吞云吐雾的感觉,但是倘若一个人吸烟是喜欢尼古丁的刺激感,这个时候你让他用电子烟去替代真实的香烟，就不会有效，用不了几天，他就会继续吸烟了。这种情况，就要寻找能够带来同样刺激感的其他事情来替代，比如摄入一定量的咖啡因就比用电子烟要有效。在工作中，如果你每天都吃下午茶，随着体重一天天增加，你想戒掉下午茶，这个时候，你就要思考一下，吃下午茶给你带来的奖励是消除饥饿感还是让自己不再觉得无聊。如果是消除饥饿感，你可以找那些低热量又能填饱肚子的食物替代；如果只是想放松一下，那么可以通过快步走或者和同事聊聊天，这同样会让你放松而且不会变胖。

  因此，如果你想培养某个要做的习惯，你需要找到你的触发条件，并且强化它，然后给予适当奖励，这样更有助于你养成一个新的习惯。如果你想戒掉一个不好的习惯，首先要找到触发条件和做这个行为背后的奖励，就是做这个行为满足了自己的哪方面渴望，然后思考其他什么行为还可以实现这个渴望，于是用这个新的行为去替代原来的行为，这样，习惯被改变的可能性就很大。不同的人对同样行为的渴望是不同的，所以对别人有效的改变不良习惯的方式，对你未必有效，找到适合自己的才是最好的。

HEAT 能/量/法/则

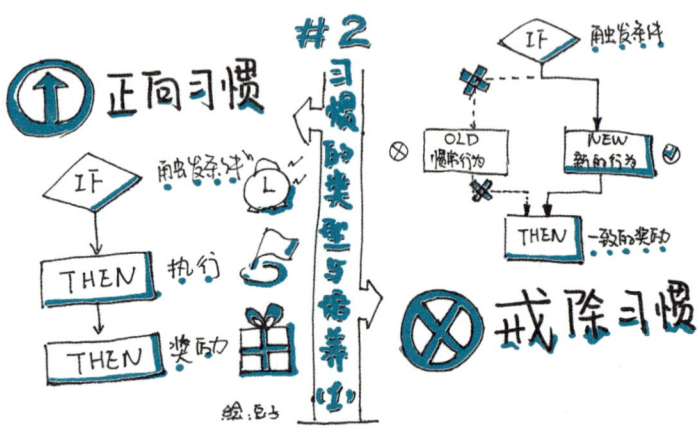

14

第一章
Habit，习惯，能量的倍增

习惯的类型与培养（2）

习惯的另一种分类方式是"思维习惯"和"行为习惯"。

行为习惯很好理解，我们上面举的例子都属于行为习惯的范畴，而思维习惯在培养习惯的时候往往被忽视，但思维习惯往往更重要，因为很多行为是由思维产生的，思维决定行动，行动决定习惯，习惯决定性格，性格决定命运。所以培养思维习惯更加重要。

思维习惯是指一个人在日常生活中思考问题时所偏爱的一种方式。思维习惯的范围很大，包括辩证思维、系统思维、创新思维、富人思维、产品思维、用户思维、学习思维、成长思维等。在工作中，最常见的一种限制性思维就是"没有办法"。仔细观察，在我们的身边或许时不时就会有类似于"老板从来不听我们的建议，我能有什么办法""同事太难相处了，我一点办法都没有""活动预算实在太少，这个活动我没法办"这样的声音，持有这种思维的人,很可能已经阻碍了自己的发展而没有自知。

我们先看一个例子。假如你今天下班回家,走到街口,发现前面发生了严重的交通事故,任何人都不能通行,你会怎么做呢?有三种选择:

(1)放弃回家的念头,不回去了。

(2)坐在路边等待道路通行并抱怨封路。

(3)寻找另一条回家的路。

这很类似于我们在工作中遇到的情况,你怎么思考直接决定了你要怎么做,也就是史蒂芬·柯维提出的"观—为—得"的思维模型,你的观念是什么,直接决定了你的行为,而你的行为又决定了结果。

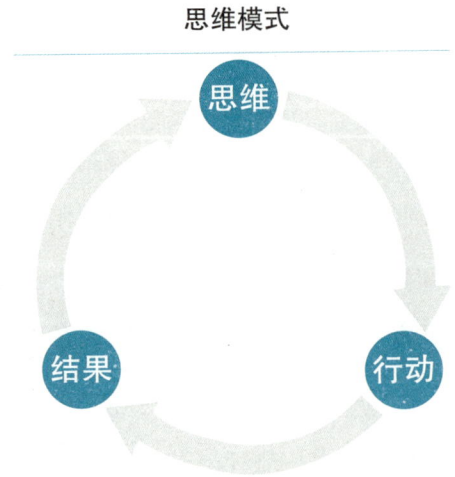

思维模式

第一章
Habit, 习惯，能量的倍增

比如当遇到上面的情况如果你的思维习惯是遇到困难就躲避，那你会选择 a 或者 b，得到的结果就是不回家了。如果你的思维习惯是遇到问题总是觉得会有解决办法，那么你就会想办法找另外的回家的路，得到的结果很可能就是顺利地回到家中。

相对于行为习惯对我们的倍增效果而言，思维习惯的倍增作用更大，我们绝大部分的决策都是由我们固有的思维习惯做出的。那我们应该怎么培养思维习惯呢？我认为可以从三方面做起，一是认知升级，二是觉察，三是反思。

首先是认知升级。很多时候，我们想不到或者做不到，是因为脑子里完全没有那个概念，或者完全没有清晰且准确的概念。在这方面，我受李笑来的影响很大，他在"得到"的订阅专栏只干一件事——为读者"洗脑"，把一个个准确的概念在读者的脑海中形成，比如注意力是最宝贵的财富、付费就是捡便宜、只字不差地阅读、多维竞争力、什么是财富自由等等，也推荐想提升认知的朋友订阅他的得到专栏《通往财富自由之路》第一季进行学习。

其次是觉察，要能够运用元认知能力觉察我们自己在处理事情时的思维习惯。我们的大脑有个强大的功能，就是能够用大脑控制大脑，你不可以用钉子去钉钉子本身，你也不能用锤头锤这个锤头，但是我们却能够用我们的大

17

脑去控制我们的大脑，也就是元认知能力。工作和生活中，我们都要时刻用元认知能力来觉察我们的思维习惯有没有问题。有一次，我和一个朋友的小孩玩游戏，当时他正在看唐老鸭和米老鼠的动画片，他问我说："叔叔，什么老鼠是用两条腿走路的？"我说："米老鼠呀。"然后他又问："那什么鸭子是用两条腿走路呀？"我没犹豫，脱口而出"唐老鸭呗"。然后他哈哈大笑，说："不对，所有鸭子都是两条腿走路的。"那一刻我十分尴尬，顿时觉察到思维习惯是如何深深地控制着自己。有了觉察，方能改变。

最后，培养思维习惯，要反思。当一件事情发生后，一旦觉察到自己的思维习惯是怎样的，就要开始反思，这个思维习惯好不好，需要怎样优化，这样才能一点点优化，缺少了反思，即便是不好的思维习惯也很难改变。

我的一个朋友，和同事前一段去成都出差，在出差的间隙吃了好多成都的美食，并且发到朋友圈，回来的时候，两个人一起来到办公室，领导见她们回来，说了句"回来了呀，看你俩在外面还挺爽嘛，有吃有喝的"。我这个朋友直接来了句"爽？都累死了，爽的话下次你去，我不去了"。而另一个同事却说："是挺爽的，我跟你说，成都某个地方有好吃的，下次去成都的时候你一定要去尝尝啊。"

同样的事件，不同的人表现出的反应完全不一样。后来我朋友跟我说的时候，她就开始反思，为什么自己会那么敏感，而不像另一个同事那么从容，经过反思，她发现自己太在意别人说她工作不努力了，而自己把领导的话理解为对自己工作不努力的评价，所以才有了那种行为。后面她意识到这种思维习惯不好，于是慢慢地改变了。

思维习惯具有非常大的隐蔽性和不易觉察的特性，而且很多时候在我们的理性脑还没反应过来的时候就自发地执行指令了，所以要充分调用自己的元认知能力，时不时用自己的大脑去扫描一下其盲区。

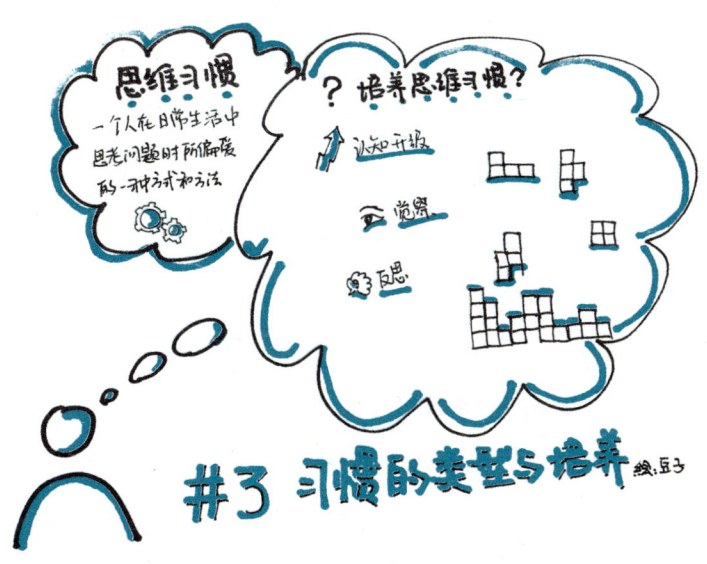

习惯的养成靠动力还是自律

关于习惯的养成有"动力论"和"自律论"两大派系。支持"动力论"的人认为,习惯的养成和追求目标的迫切程度、想达成这个习惯的意愿程度成正比,对于支持动力论的人来说,在培养习惯的路上就没有"坚持"两个字,需要"坚持"才能做的事情,说明骨子里不愿意做,所以也培养不来习惯。支持"自律论"的人认为,养成习惯需要极强的自律能力、自控能力或者意志力,认为动力是不可靠、不稳定的,它是以人的感受为前提的,而任何东西都能影响人的感受而且动力不太可能按需培养,所以动力论不靠谱。

这两种理论说得都有道理,结合我个人培养习惯的过程来看,我认为,当一个人想要培养或者开始戒掉某个习惯的启动环节时主要靠动力,而在持续地坚持这个习惯的过程中主要靠自律。如果在开始的阶段,没有动力也就不会去做，而在持续的做的过程中，很难每天都有动力，原始脑的安逸很容易打败我们的动力驱动，这时候就必须调动理性脑的自律来推动自己继续完成。

好比在路上有一个直径一米的圆形大石头，你想每天推它 50 米，如果没有动力，没有意愿，你连动都不会动这块石头，会觉得推这块石头一点意义都没有，也就自然不会启动。一旦你有了某种动力，可能是内在的动力也可能是外部刺激的动力，总之你愿意尝试去推这块石头了。在推的过程中，前面几天精力充沛，可到了后面，精疲力竭，或者心情不好就很可能动力不足以支撑你继续去推这块石头了，所以这时候就非常需要自律能力帮助你继续完成推石头的动作。

如果想持续培养一个习惯，我们既要找到能启动习惯的动力，又要拥有持续执行的自律。那么应该如何找到动力和培养自律呢？我们分别来展开。先说动力。

动力的第一个来源是外部诱因，所谓的诱因就是所有重塑我们思维和行动的刺激因素。可能你看见一个人身材特别好，很有魅力，于是激发了你想健身的动力。可能是同事因为优秀的工作成绩获得了升职，于是激发了你加倍努力工作的动力。也可能是你特别羡慕某个人的生活状态，于是激发了你也想成为像他那样的人的动力。总之，这都是外部诱因所带来的动力。

动力的第二个来源是足够的痛，某种程度上也是外部诱因的一种。在日常生活中，你会经常遇到这样的人：常说"我希望自己能够减肥成功"，但是从不开始减肥；常说"我希望从明天开始，坚决不暴饮暴食"，然后下了班就和同事去享用大餐；常说"我要戒掉心直口快的毛病，太得罪人了"，然后继续心直口快，还美其名曰"正直"。之所以有这类人，口上说要怎样怎样，可做的与说的完全不一样，是因为不够痛，也就是这些问题并没有给他造成什么困扰，只是如果这些能够做到会更好，做不到也无妨，所以也就没有改变的动力了。假如一个人再不减肥就找不到工作了，再暴饮暴食脸上就会长满痘痘，再说话不经过大脑就会被解雇，改变的动力就有了。

动力的第三个来源是重大的意义。当我们能够把想要做的事赋予重大意义的时候，我们的动力就会很足。

李笑来老师在《把时间当作朋友》中提到他一个朋友用赋予重大意义来背单词的故事。因为，一共要搞定2万个单词才可能获得的奖学金是每年4万美元左右——并且连续四年没有失业可能（后来的事实是，他直到五年之后才获得了博士学位）。当时的美元兑换人民币的汇率差不

第一章
Habit，习惯，能量的倍增

多是 8：1，所以，大约应该相当于 32 万元人民币。而如果一年的税后收入是 32 万元人民币的话，那么税前就要赚取差不多 40 万元人民币。那么，每个单词应该大约值 20 元人民币——这还只不过是算了一年的收入而已。所以，他终于明白背单词是非常快乐的。他每天都强迫自己背下 200 个单词。而到了晚上验收效果的时候，每在确定记住了的单词前面画上一个勾的时候，他就要想象一下刚刚数过一张 20 元人民币的钞票。每天睡觉的时候总感觉心满意足，因为今天又赚了 4000 块！

对我自己而言，我是每天早上 6 点起床写这本书，每天写 1000 字左右，之前我都是 7：30 左右才起床，之所以有动力去做这件事，是因为一想到自己能出本书的那个场景就很兴奋，要知道我高中语文成绩从来都是不及格的，像我这样基础的人如果也能写出一本书，想想这也蛮励志的，应该可以激励一部分人，这也成为了我每天早起坚持写书的动力。所以，当我们觉得做一件事有重要意义的时候，我们就容易培养一个习惯。

有了动力，会让我开始培养一个习惯。然而在实际执行的时候，并不是每天都有那么大的动力，尤其是不知道写些什么的时候，时不时就想放弃，每当这个时候，就是自己的自律能力在起作用了,是凭借意志力让理性脑一次次战胜了感性脑,才完成了日更 100 天的小目标的。写这本书的过程也非常类似,虽然手捧自己写的书的那个场景很有诱惑力,可还是会偶尔有一天不想起床,或是睡得晚,或是天气不好等,每次不想起床的时候,理性脑大概都要和感性脑战斗 30 秒至 60 秒。是自律力让理性脑在每次的战争中都取得了胜利。那怎样培养自律力呢?

培养自律能力最实用的方法是推迟满足感。推迟满足感最经典的实验当属棉花糖实验了。

棉花糖实验是斯坦福大学 Walter Mischel 博士到 20 世纪 60~70 年代早期,在幼儿园进行的有关心理学的经典实验。研究员让孩子们完成简单任务(孩子们全部都可以完成),作为奖励,会给孩子们一块棉花糖。研究员对孩子们说:"看到这块棉花糖了吗?我现在要离开这个房间,如果你在我离开房间的时候吃,只可以吃一块;但如果你能等我回来再吃,会再给你一块棉花糖。记得哦,如果你在我离开的时候吃了一块,就没有第二块了。你明白我的意思了吗?"孩子们点点头,研究员就离开了。在等待期间,有一些孩子不假思索立刻吃掉了第一块零食,很多则试图用各种方法延长等待时间:有的转过身去;有的用手盖住

第一章
Habit，习惯，能量的倍增

眼睛；有的把手坐在屁股底下，使手不能去拿零食。15分钟后，研究员回来了。大约有30%的孩子等到了那个时候，拿到了第二块零食奖励。14年后，Walter Mischel做了跟踪调查，发现等待时间长的孩子，在学业上的成绩远远超过等待时间短的孩子，这些等待时间长的小孩，不仅仅是在学习成绩上有更佳的表现，而且在生活的各个方面都显示出优势，他们更能抵制各种不良诱惑（如毒品等）；他们的社交能力更强，说话更流利且有条理；他们显得更聪明和自信。

所以，如果想提升自己的自律能力，就要不断地在生活中的各种场景做类似于棉花糖实验的这种推迟满足感的实验。比如，你很想一次性消灭掉一块蛋糕，这个时候就玩一个先吃一半的测试，对自己说另一半明天再吃；在坐电梯和走楼梯之间，你很想坐电梯,那么就和自己玩个游戏，这一次偏要走楼梯；在打一把王者荣耀和看15分钟书之间，你很想先打游戏，那么就和自己玩一个游戏，这一次偏要先看书再打游戏；你可以在生活中随处找到类似于这样的场景去培养自己的自律力，当你做到了之后，再挑战更难一点的，刚开始的时候可以从简单的事情入手，逐渐增加难度，慢慢地自律能力就会增强，从而可以做到理性脑完美战胜感性脑。在培养习惯的道路上也就不容易放弃了。

如果你同时拥有了做一件事情的动力和自律力，那么恭喜你，你培养一个新习惯或者改变一个旧习惯的概率非常大。别犹豫了，就从现在开始培养好习惯吧。

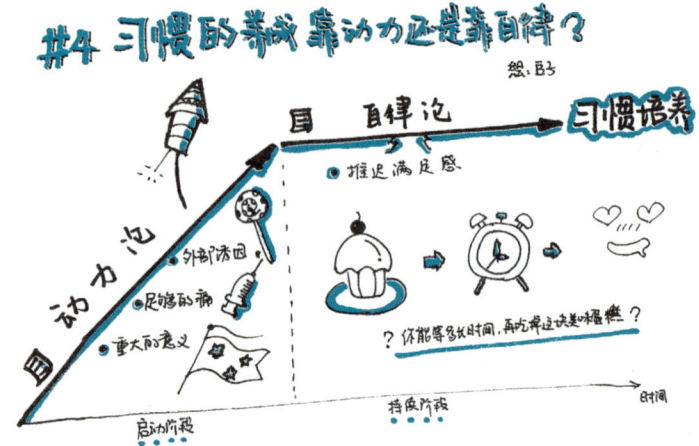

帮助习惯达成的技巧

了解了这么多有关习惯的内容,那么该如何做才能帮助我们更好地培养一个习惯呢?下面是帮助习惯达成的五个小技巧。

写下计划

首先写下自己的计划有利于把模糊的想法转为清晰的可执行方案。比如你想培养早起的习惯,如果这个想法只是停留在脑海里,你或许只是有了早起这个念头,至于几点起,每天都早起还是一周早起几次,早起之后做什么或许都没有想清楚。那么把计划用一张纸写下来就可以有效地帮助自己理清思路。比如在写的时候你就会思考我的目标是什么(如每天早上6点起床),那么我的现状是什么(如每天7:30起床),在早起过程中我可能面临的阻碍是什么（如早上起来没事做、发困、白天工作状态不好等），我达成这个计划的可能性有多大以及我会采取怎样的行动等。经过了这样的过程，计划就会变得非常清晰了。同时，把写有计划的纸贴在自己每天能看到的地方，加深印象。在习惯的达成过程中，很多人失败有很大的原因是忘记了，比如，有一天比较忙，睡得比较晚，忘记设置闹钟，等等。即便你把计划贴在最最显眼的地方，你也不会对你写下的内容仔细端详，这也没有关系，能够起到一个加深印象和时刻提醒的作用就足够了。

公开承诺

如果担心自己在执行的过程中容易放弃，那么就写下承诺书，并且公开给那些你在意的人们，运用群体的监督帮助你达成目标。承诺书的句式可以是"×××（承诺对象）：我承诺，在×年×月×日前完成_____，如完不成，我将_____"。这里面有两个非常关键的地方，一是这个承诺的对象，一定是那些你在意的人，比如你的领导，你的社团成员，特别是你的男神女神，你越在意他们，你就越不容易失信于他们；二是承诺的内容不要太多，因为承诺太多很容易给自己造成一种错觉，就是在你说的时候以为自己真的实现了这个习惯。

与别人"对赌"

这也是一个帮助自己培养习惯的好方法，所谓的对赌，就是你与一个朋友商量好，如果你要是中途放弃了计划，你就付给对方或者捐给公益组织 1000 元钱（一个可以让你痛的金额，因人而异），如果再加强点难度的话，就先把钱交给对方，等实现了目标后再把钱拿回来，否则就拿不回来了。这种方法也可以在培养习惯的过程中提供动力。我身边有两个朋友在坚持跑步这件事上就是这么做的，先把 1000 元钱给了另一个人，并承诺如果达不成目标，这 1000 元钱就不属于自己，最终还是达成了原定目标。

设立奖惩

在承诺书中有一部分内容，即如果完不成将做什么，那就是惩罚的一种机制。除了惩罚机制，奖励机制也是非常有帮助的，比如在培养习惯的过程中如果达成某个小目标，可以适时地给自己一些奖励，鼓励自己。例如达成一周锻炼目标奖励 30 分钟看电视时间，一个季度达成每天阅读的习惯，奖励自己一个 kindle 等。

关注进度条中数字小的那个值

在任务刚开始的时候，与其把关注重点放在尚未完成的、比例较大的部分，不如把重点放在已经完成的、比例较小的部分，因为这样做会让人劲头儿更足。如果你需要激励自己完成一小时的活力单车课程，或是下周的 10 公里长跑，那么在任务的早期，你应该关注"我已经完成了多少"，然后再把关注点转换到"我还剩下多少"。这个方法能够帮助你坚持下来。同样，为了鼓励自己完成瘦身计划（或是为期一个月的戒烟行动），刚开始的时候，你应该想的是已经减掉了多少体重（或是有多少天没有抽烟），到了后期，就去想想你还有几斤没有减掉（或是还剩几天就完成戒烟计划）。

以上五个方面都是可以帮助你养成习惯的一些小技巧，你在培养习惯的时候可以直接使用。

第一章
Habit, 习惯，能量的倍增

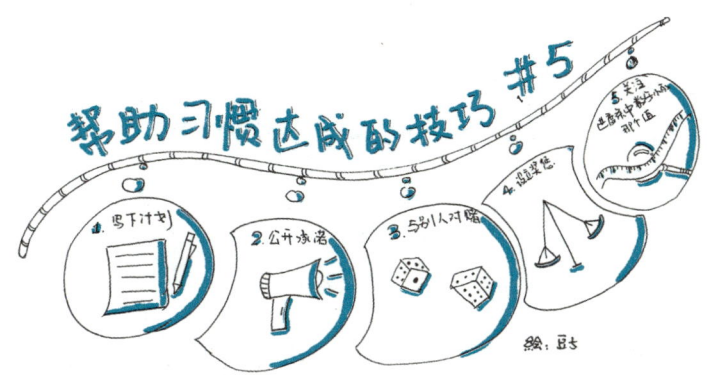

常见导致习惯中断的原因

即便是我们掌握了帮助习惯达成的一些技巧,有时候还是会失败,导致习惯中断,通常有哪些错误的做法会导致习惯半途而废呢?

选择的任务太难了,不适合当下的情况

人们非常容易高估自己的能力,一个从来不跑步的人,常常一上来就给自己订一个每天5公里的目标,然后第一天第二天各跑了5公里,第三天就呼呼睡大觉了。习惯是要用一辈子践行的,所以不用急于求成,最好把任务设置成轻松就能完成的小目标。比如,从来不跑步的人,想想5公里就会有畏难情绪,可是如果把目标设置为"只要穿上跑步鞋走出家门就算完成",相对要好实现很多,再说,当你真的穿着跑鞋出去了,怎么着也会跑几步吧。所以刚

开始培养的习惯可以很微小,比如每天阅读 10 分钟,每天吃早餐,一周锻炼一次,甚至是每天只做一个俯卧撑。等适应了再逐渐增加任务难度,而不是一下子把任务设置得过高。

选择的任务太多了,想同时培养多个习惯

刚开始设定习惯的时候,由于动力很足,很容易同时实施多个习惯,这是导致习惯经常不被养成的另一个主要原因。因为每个人的意志力是有限的,同时培养多个习惯很容易把意志力消耗殆尽,最后崩盘,所有习惯都放弃了。比较好的做法是一次只改变一个习惯。刚开始改变的时候不用贪多,能够完成是最重要的,当养成第一个习惯后,自己会更加自信,如果一开始就想同时培养好几个习惯,实现的可能性很小,一旦实现不了就会让自己受挫,打击了自己的信心,不利于以后培养更多的习惯。完成比完美更重要。

启动阶段全力加速,造成精力透支

很多人在刚刚制订习惯的时候都会满腔热血,比如原

本计划每天看 10 页书，坚持一个月。在实际执行的过程中，前面几天很可能精力充沛，每天能看 30 页，甚至 50 页，然后就没有"然后"了。在习惯养成的过程中，一定要注意自己的节奏，习惯的培养类似于跑一场马拉松，那些起跑时猛冲的人往往是到不了终点的，所以在开始的时候，即便你精力再充沛，也要放慢脚步，避免用力过猛，过度疲劳。找到一种让自己能够长期坚持的节奏，而不是执行几天就没力气了。

今天是个特殊的日子，我应该放松一下

在培养习惯的过程中，找理由去中断习惯是人们常用的把戏。比如你正在培养一个早上六点起床的习惯，前面一周执行得都不错，然后有一天你去参加了朋友的生日宴，玩得比较晚，于是你对自己说，"明天给自己放个假，毕竟情况特殊嘛，要不是今天朋友过生日玩到这么晚，我也不会不早起了，就这一次，下不为例。"我敢说，只要有了第一次，就会有第二次、第三次、第 N 次，因为今天可能小张过生日，明天还可能是小王过生日，后天还可能小李结婚，大后天还可能肚子疼等等，如果你想找理由，其实每一天都是特殊的，比如今天是 6 月 19 日，明天就是 6

月 20 日，6 月 19 日就没有了，你说特殊不特殊。在培养习惯的过程中，千万别给自己放水，该对自己狠的时候就要狠一点。

习惯的养成只需要 21 天，受此理论误导

一个习惯的养成只需要 21 天，我不知道这个理论是谁提出来的，但我敢说，这绝对是一个大大的骗局，我曾尝试用 21 天理论去培养无数个习惯，别说是 21 天，就是我坚持了 100 天，依然还是没养成所谓的习惯。我只能说，不管是有人说 21 天也好，30 天也罢，都别信，不同的人养成同一个习惯的时间不一样，同一个人养成不同习惯的时间也不一样。之前和一个素食主义者聊这个话题，她的回答令我印象深刻，她说她已经素食 10 年了，至于多长时间能够养成素食的习惯，在她看来根本不重要，因为这个是要践行一辈子的，至于是 21 天还是半年根本不重要。的确是这样，我们想培养一个习惯，是打算用一辈子的，至于是多少天才能养成，就显得一点也不重要了，不应该成为我们的重点关心内容。

以上是在培养习惯过程中，最容易掉进去的几个坑，本人每一个都掉过，现在偶尔也会掉。当你懂得了这些道

理以及道理背后的原理后，就会把自己的行为和原理做比对，然后纠偏，慢慢地就可以用正确的方式培养习惯了。

Chapter 2

● ● ● ● ● 第二章

Energy，精力，能量的来源

第二章
Energy，精力，能量的来源

如果你想要烧一壶开水，前提是你要有火源或者电为你提供能量，如果你想用放大镜点燃一根火柴，前提是得有太阳光为你提供能量。同样地，你想要在工作中实现高效能，前提是得有精力为你提供能量。精力的来源方式有体能精力、情感精力和思维精力。

首先是体能精力，体能精力来源于定期运动、健康的饮食习惯和充足且高质量的睡眠三个部分。

而情感精力更多来源于与他人的相处，涉及人际关系、情绪管理以及和谐沟通等方面。这需要我们不仅了解自己，还要能够洞察他人，进而做到知彼解己。

如果说体能精力是从"身"的层面对精力的补充，情感精力是从"心"的层面对精力的补充，那么思维精力就是从"灵"的层面对精力的补充。思维精力可以从培养自信、缓解焦虑、管理压力、冥想以及定期放空大脑几方面来提升。

定期运动

❧

我们都知道运动对于我们的健康非常重要，运动还是我们身体能量的重要来源，要想在工作和生活中保持持续的精力充沛的状态，有规律的定期运动十分必要。通常情况是，人们要么认为自己的身体没问题，不需要锻炼，要么就说自己太忙了没时间锻炼。直到身体被掏空的时候才能意识到革命的本钱是多么重要。

在我的演讲俱乐部曾经有一位会员，她的经历非常励志，原本是一名公办学校的数学老师，不喜欢体制内的安逸，于是出来和朋友一起办了一个小型的培训学校，由于创业初期，人手不太多，所以每天都很忙，既要负责招生，又要负责讲课，还要处理学校的各种事件，即便这么忙，她还会每周抽出时间参加演讲会学习演讲，我们都曾一度佩服她是怎么有那么多精力可以做这么多事情，有一次和她一对一聊天的时候，才得知她并不是像我之前想象的那

第二章
Energy，精力，能量的来源

样精力充沛，她说身体已经多次出现报警，比如偶尔就会有头晕的时候，但不是很严重，休息十几分钟就能缓解和恢复，她自己也反复说她应该是需要锻炼身体了，可每次都是因为没时间而没有去。直到有一天，她在朋友圈发了一张住院的图片，还配了一段文字"再忙也要锻炼身体，身体才是革命的本钱"。出院后，我很少在俱乐部再见到她，她说她做了取舍，用这部分时间去健身了。其实我为她的这个决定感到高兴，因为她去做了更重要的事。

很多人都用"我太忙了，没时间锻炼"来作为自己不锻炼的理由，而实际上并不是没有时间，只是自己在内心的优先级排序没那么重要罢了。如果把我们的身体比作一张弓箭，锻炼就是拉弓和放箭的过程，拉弓要适当地大于弓原本的承受力但同时不能用力过大和过小，用力过大，弓很有可能断掉，用力过小，这张弓的弹性和爆发力就会慢慢变小，倘若不对这张弓进行一定频次的耐力保养，或许下一次你稍一用力，弓就断了。锻炼是一样的，如果我们一直不锻炼，短期内不会有什么变化，但长此以往，就会失去弹性和爆发力。适量的运动可以有效地提升我们身体的体力、耐力和爆发力，为我们的身体提供源源不断的能量。

耐力主要通过有氧运动来提升，所谓有氧运动就是利用大肌群，从事长时间且带有节奏性的运动。如跑步机、单车、登山机等，都是常见的有氧运动方式的器材。简单来说，就是以全身性的动作方式，持续做 30 分钟以上不间断的运动。这里需要注意的是，有氧运动的训练，时间至少 30 分钟以上，才能成为有效的有氧运动。有氧运动的好处是可以帮助我们改善心肺功能，心肺就好比是我们人体的发动机，心肺功能对于获得充足的精力起着至关重要的作用，对于我们绝大部分人而言，首先应该从提升心肺功能练起，而不是一上来就做各种机械训练，如果心肺功能不是很好，反而是一种对身体的伤害。最好的提升心肺功能的锻炼方式是快走，如果你在健身房使用跑步机，可以把跑步机调整为上坡模式，一方面很容易达到你想要的心率值，另一方面对膝盖是一种保护，同时还可以锻炼臀部的肌肉，一举多得。坡度和速度的选择基于你自身的情况来设置，刚开始可以低一些，然后逐渐增加。经过一段时间这样的训练后，你的心肺功能会得到很大提升，摄氧量也会增大，进而促进工作精力的提高。

爆发力通常是通过无氧运动来实现的，无氧运动是指肌肉在"缺氧"的状态下，短时间、高强度负荷的运动，如举重、百米冲刺、跳跃等，非常考验短时间内的爆发力。无氧运动主要训练的是肌肉，相比于心肺对于工作精力的

第二章
Energy，精力，能量的来源

影响，肌肉对于生活质量的提升是有限的，练习肌肉的主要目的是为了让我们的身材更加好看。锻炼肌肉一定要有针对性地刻意练习，而且动作一定要标准，不然想增加肌肉的地方没长出肌肉，在其他位置反而肌肉增加了。

如果经济条件允许，建议你请个私教，做有针对性训练，不仅可以保持体能精力的充沛，还可以塑造完美的身材，是一举多得的稳赚不赔的投资。当然，如果塑身不是当下的主要目标，只是想为自己的体能充电，就从最简单的快走开始就行了，它对提升我们的心血管系统、控制体重、柔韧度、肌肉耐力都有很大的帮助。

坚持运动最难的不是没有时间，而是没有意识到运动的必要性和重要性，推荐大家去网上搜一下视频短片《运动和不运动的两种人生最后十年的对比》，这是一个直观的人生写照，相信看完后你也会有较大的触动。为了让自己当下做事更有精力，到了老年身体更强健有力，再懒也要开始锻炼身体了。

HEAT 能/量/法/则

定期运动

○ 没时间不应该成为不锻炼的借口

○ 耐力通过有氧运动来提升

○ 爆发力通过无氧运动来提升

第二章
Energy, 精力, 能量的来源

健康的饮食习惯

除了运动，饮食是我们另一个体能精力的主要来源，饮食的重要性常常被低估，其实怎么吃要比怎么运动还重要。你一定有过这样的体验，因为某种原因，连续两到三餐都没有进食，这个时候你的感觉是什么？是不是很烦躁，心神不定？人在饥肠辘辘的时候是很难集中注意力做事情的，在饥饿的状态下，除了食物之外，很难有其他东西让一个人提起兴趣。另一方面，如果我们在饮食方面暴饮暴食或者不注重食物的营养成分和食物搭配，不仅身体容易发胖，对身材的美观产生不良影响，同时还容易引起其他疾病的产生。

合理的饮食不仅让我们拥有健康的身体，同时可以让我们有充足的精力去高效能地工作和生活。那怎么样才能吃得好、吃得健康呢？

首先是规律的饮食习惯。我们大多数人都是一日三餐的习惯，可是有些人的三餐是十分不规律的，有时候不吃早餐，有时候因为工作事情多，午餐时间不稳定，有时候是12点吃，有时候是下午2点才吃，如果早餐吃得太晚，午餐甚至就不吃了。晚餐有时候为了减肥一连好几天不吃，而有时候和朋友聚会又吃到撑，这种不规律的饮食非常容易干扰我们身体正常的生物钟，严重影响体能的恢复。为了让我们的身体保持充足的能源供给，早餐不管你有多忙，都是要吃的，有些人不吃早餐是因为没有饥饿感，但在这个时候，我们的血糖水平在急速降低，吃早餐不仅能提高血糖水平，还能推动身体的新陈代谢。

在不吃早餐方面，我是吃过亏的。前几年，每天早上起床时间很匆忙，为了上班不迟到和早点工作，时不时地就不吃早餐，刚开始觉得也没什么影响，时间久了，胃就出来闹事了，到现在都还记得做胃镜时候喝一大杯钡餐的场景，那可比早餐难吃多了。后来听从医生指导，有规律地进食后，就很少出现胃病了。无独有偶，就在前几天，我的一个朋友也得了胃病，后来和她分析饮食习惯，发现她由于工作太忙，时常忘记吃午餐，到了下午又饿得不行，然后点一个外卖，疯狂地填到肚子里，导致胃一会饥肠辘辘，一会又有胀痛感，这就是引起她胃病的主要原因之一。

对于大多数人而言，偶尔不规律的饮食不会引起胃病

第二章
Energy，精力，能量的来源

这么严重的疾病，但从补充体能精力的角度来讲，规律的饮食是十分必要的。条件允许的话，可以在办公室准备些水果，在下午 3~4 点左右进食，此时段饥饿感比较明显，吃点水果有助于我们以更高精力投入工作。

其次是从营养成分的角度选择食物。有些人在选择食物的时候是喜欢什么就吃什么，尤其是对于一些肉食爱好者，看到美味的肉恨不得一次全部消灭，这是非常不可取的做法。从提升体能精力的角度，饮食不必做到减肥那种严苛的限制条件，但低糖、低盐、低脂、高纤、高蛋白、多蔬果、少油炸的基本原则还是要遵守的。从生理角度讲，人所需要的营养元素有 6 种：碳水化合物（糖）、蛋白质、脂肪、维生素、水、无机盐（矿物质）。最近这些年，膳食纤维也被称为第 7 大营养素。其中碳水化合物、蛋白质和脂肪经过新陈代谢后产生能量，供身体消耗，维生素和无机盐是维持身体正常生理功能必需的元素。常见的低碳水化合物的食物有西葫芦、花菜、蘑菇、芹菜、番茄、萝卜、芦笋、白菜、西兰花、菠菜等；常见的高蛋白质食物有牛肉、鸡肉、鱼肉、鸡蛋、各种豆类及豆制品、酸奶、牛奶等。常见的低脂食物有橄榄油、菜籽油、核桃、牛油果等；尽量避免吃猪油、蛋糕、糕点、饼干、沙拉酱、炸薯条、爆米花、巧克力、冰淇淋、蛋黄派等食物，这些食物虽然美味难以拒绝，但从健康的角度少吃为好。对于爱吃肉的朋友而言，可以多吃牛肉、鸡胸肉、鱼肉来代替猪肉和羊肉，避免摄入过量的脂肪，造成身体发胖和体能不支。当你逐渐开始关注食物的成分的时候，你看到一个食物，你第一反应会是这个食物是蛋白质，那个食物是脂肪的条件反射，不管是对于减肥还是供给高效工作所需要的能源，管住嘴的作用都远远大于迈开腿。

再次，喝水也是维持体能的一个重要方面。对成人来说水是仅次于氧气的重要物质，在成人体内，70%的质量是水。如果一个人不喝水，连一周时间也很难度过。体内失水10%就威胁健康，如果失水20%，就有生命危险。水分太少，会让人感到疲劳，反应迟钝，可见水对生命的重要意义。喝水可以更有效促进身体排毒工作、促进身体新陈代谢、使眼睛有神有光泽、滋润皮肤、提升专注能力。按照美国膳食营养供给量标准估算，成年人每消耗1千卡能量需水1毫升。成年人每天平均大约需要消耗2000千卡的热量，因此按这个计算方法，成年人每天需水量也在2000毫升左右。2000毫升是多少呢，通常一瓶矿泉水是500毫升，也就是一天要喝4瓶矿泉水那么多，每个人在办公室可能都会有个水杯，可以先用一瓶500毫升的水大概可以倒几杯来估算一下自己的杯子容量，然后计算一下

第二章
Energy，精力，能量的来源

自己每天大概喝几杯水更好些。喝水不是等到口渴才喝水，而应该是在口渴之前比如做事的间隙就自觉补水，这样更有利于以充沛的精力处理工作。我有一位朋友，有一次和她聊天说起喝水的话题，她说自己工作特别忙，为了减少自己上厕所的时间，她每天尽量少喝水，这样可以提早完成工作。我听后特别吃惊，竟然还有这样工作的人，这种饮食规律长期来看，不仅会让工作效率降低，而且还会引发一系列身体疾病，在我的劝说下，她逐渐改变了上班很少喝水的习惯。

最后，要杜绝一些不良的饮食观念。有些时候，不管是我们在家里还是在餐馆，已经吃饱了，然后还剩下一点饭或者一口菜，出于不愿浪费粮食的心理，多出来的一口饭往往最后会强撑着吃下去，强行塞给已经吃饱了的胃。虽然是出于不愿浪费粮食的好心，但这种观念是非常不可取的，看上去是没有浪费粮食，但吃进去的食物却给身体造成了消化负担，往往可能为了消灭这价值几毛钱的一口粮食，却对身体造成了不良影响。这并不是说让大家不珍惜粮食，而是优先以身体健康为前提。还有一个观念，就是在吃自助餐的时候，要扶墙进扶墙出，扶墙进是因为饿得走不动路了，扶墙出是撑得走不动了。在我读大学的时候，学校附近就有一家烤肉自助餐，有时候为了吃一次自助餐，

HEAT 能/量/法/则

上一顿是不吃东西的,这样就觉得能把餐费吃回来,自从关注饮食对身体对体能精力的重要性之后,基本上就很少吃自助餐了,即便去吃,也是以身体的承受能力和食物的营养成分为优先考虑因素,而不是能不能把餐费吃得回来。

综上,在饮食方面,我们要拥有正确的饮食观念,从食物的营养成分角度出发去选择我们的一日三餐吃些什么,同时保证我们的三餐能够按时食用,确保生物钟的稳定运行。每天再饮用 2000 毫升的白开水或纯净水,从而为我们健康的身体和充沛的精力提供源源不断的能量基础。

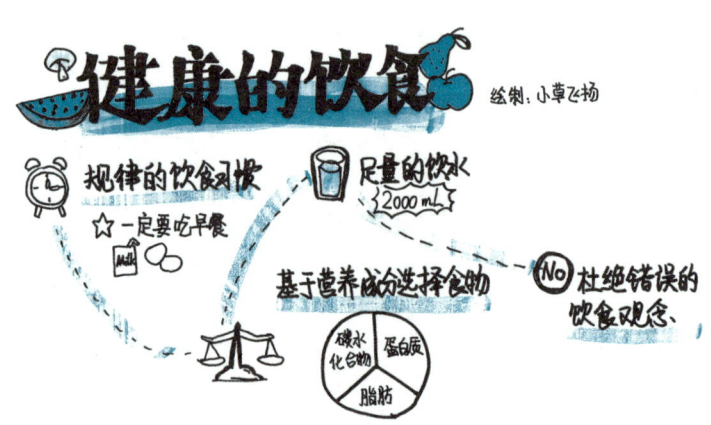

第二章
Energy, 精力，能量的来源

充足且高质量的睡眠

充足睡眠的重要性或许只有那些曾经失眠或者目前正在失眠的人才会体会到，如果睡眠不足，很难集中精力做一件事，而且脾气会非常暴躁，充足的睡眠是体能精力和思维精力的重要来源。如果把我们的身体比作一部手机，我们白天的工作和思考的时间就是耗电的过程，而晚上的睡眠就是帮手机充电的过程，如果我们一直在耗电却不充电，那么身体这台手机就会关机，如果睡眠时间短，这台手机还没充满电就又要开始耗电，那么电量很快就会被耗尽。

现实情况中，遭受睡眠困扰的人的数量不是很大，更多的是睡眠本身没问题但是睡眠时间不足的情况，明明可以早点睡，却偏偏拖延到很晚才睡。这一方面和我们的身体信号反馈延迟有关系，比如当你睡眠少的时候，身体通常并不是立即给你一个不良的信号，而是有延迟的回应，我们恰恰对这种非直接的刺激不敏感,也就会有即便睡得少,也对身体没影响的论断。另一方面,有一部分人不想睡那么长时间,可能会觉得睡觉会浪费时间,尤其是在像北京、上海、深圳这样的大城市的人们,每个人都在与时间赛跑,会有一种少睡一小时就会比别人多一个小时的观念。其实这是一种非常错误的观念,欧洲工商管理学院教授特奥·康普诺力在《慢思考》中提到,我们的大脑分为反射脑、思考脑和存储脑,而存储脑恰恰就是在我们思考脑休息的时候工作的,睡眠的时候恰恰是存储脑工作的时间,存储脑有点类似于图书馆的管理员,把白天读者看过的、随意摆放的书重新整理、归类,充足的睡眠有利于存储脑更好地为我们工作。

从身体器官运作的角度看,睡眠可消除疲劳,恢复体力,睡眠是消除身体疲劳的主要方式。睡眠期间是胃肠道及其有关脏器合成并制造人体能量物质以供活动时用的好时机。同时,睡眠还可以帮助体内大部分器官排毒,保持健康的体魄。

睡眠还可保护大脑,恢复精力。睡眠不足不仅会影响我们体能精力的修复,还会影响我们的注意力和情绪、判断能力、思考能力等,长期缺少睡眠则会导致幻觉。而睡眠充足者,精力充沛,思维敏捷,办事效率高,美国波士

第二章
Energy，精力，能量的来源

顿的贝思医学中心研究出打字人员在起床之后的打字速度比平常工作时间的打字速度提高15%~20%，精确度提高30%~40%。这是由于大脑在睡眠状态下耗氧量大大减少，有利于脑细胞能量贮存。因此，睡眠有利于恢复体力，提升精力。

为了获得更好的睡眠，我们应该怎么做呢？

（1）为自己设定一个睡前准备闹钟。这个闹钟的作用和叫醒闹钟非常类似，只是这个闹钟的作用是提醒我们要睡觉了，比如你通常晚上11点才上床睡觉，那么你可以把睡前闹钟设置为10:30，当这个闹钟响起的时候，逐步放下手头正在处理的事情，开始向睡觉过渡。

（2）睡前半小时远离电子设备。科学研究表明，我们的睡意和体内分泌的褪黑素有着密切的关系，正常情况下，到了晚上，红光较多，蓝光较少，褪黑素被激活，你会感觉到困意。而当我们在使用电子设备的时候，屏幕会发射大量的蓝光，因此，近距离地看电脑显示器或者手机屏幕会抑制体内褪黑素的分泌，从而影响我们的睡眠。如果你想拥有健康的睡眠，快速进入睡眠状态，切勿在睡前的最后一刻才关掉这些屏幕，最好在睡前半小时就远离电子设备。对于现代人而言，要严格地做到这一点，可能有点难，当你实在无法做到睡前半小时就远离电子设备的话，可以采用一些补救措施，如果你经常在睡前使用电脑，那么就下载一个"F.lux"的软件，这是一款自动调节屏幕亮度的软件，F.lux 依据日出、日落时间，分析出特定时间的光照强度，并以此为依据调节屏幕亮度。在国内有很多软件基地都提供该软件的下载，但该软件为英文版本，你只需要在百度搜索这个软件的名字即可（提示：在搜索该软件的时候一定要记住是 F.lux 而不是 Flux，记住 F 后面有一小点）。如果你睡前经常是玩手机一族，而且你用的如果是 iPhone，手机自带的"Night Shift"功能，也可以实现自动调节屏幕色温的功能，操作步骤为：打开设置→找到显示与亮度→点击 Night Shift→设置自己调节时间，完毕。这样的设置可以减少电脑或者手机屏幕辐射大量的蓝光，有助于帮助你快速进入睡眠。

（3）睡前用热水泡脚。我们脚部的穴位非常多，泡脚可以起到加速血液循环、缓解疲劳、帮助人们精心安神的作用。如果泡脚的时候，再按摩一下脚心处，效果会更好。泡脚可以使人全身心放松，有利于快速进入睡眠。泡脚的时候，有几个注意事项：第一，最佳时长 15 分钟左右。时间过短不能发挥应有的保健效果，但泡脚时间过长，血管长时间被扩张也不宜，再者，泡脚时间太长脚部皮肤也容易被泡破皮；第二，泡脚的最佳水温在 40℃左右，水温不能太高。假如水温过高的话，脚上的血管容易过度扩张，体内血液更多地流向下肢，反而容易引起心、脑、肾等重要器官供血不足，对身体不利；第三，水量不可太少。泡脚不同于洗脚，水位最好高一些，以淹没过脚踝为宜，可以对足部的穴位都起到作用。

（4）请勿在睡眠前3小时内摄入酒精、咖啡因或者其他刺激性饮料。这些都会影响我们的睡眠质量，但睡前喝杯热牛奶是可以的，因为牛奶能提供色氨酸，进而促进血清素的分泌，带来睡意和平静。

（5）抛去杂念，正念冥想。如果你躺在床上辗转反侧，这个时候自己的思绪是不是非常乱？一会想这个一会想那个，这是大脑还处于兴奋状态的表现。通常我的做法是躺在床上冥想，只关注呼吸，大口吸气，感受腹部隆起的感觉，再大口呼气，感受空气流出体内的感觉，用不了几次循环，通常就睡着了。

总之，如果想获得充足而高质量的睡眠，首先观念上的转变非常重要，当你意识到睡眠的重要性的时候，那些帮助睡眠的方法对你才会起作用。如果你工作中时常出现疲惫、困倦、提不起精神、难以专注做事这样的情况，那通常是由于睡眠不足引起的，先从改善你的睡眠质量和时长做起吧。

HEAT 能/量/法/则

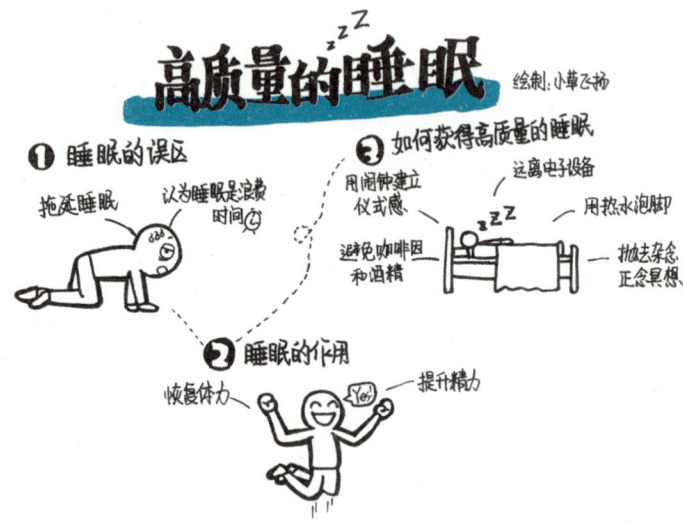

第二章
Energy，精力，能量的来源

了解不同类型的人的行为特点

上司与下属、同事与同事之间的人际关系是职场中的一大难题，而人际关系在职场中又至关重要，处理不好人际关系，别说要升职、加薪、高效工作，想要成为一个及格的职场人士都很难。我们在与人沟通交往中，很多矛盾的产生都是源于我们总是期待对方能够按照我们所理解的方式、所看待事物的角度来沟通，我们总会疑惑，这件事情就应该是这样子的啊，为什么他会那么想呢，很不可理解。

作为下属，你是否抱怨过上司的脾气暴躁，只批评从不鼓励；你是否不满上司答应的事情经常不予兑现；或者你是否猜不透领导的意思，他从来不表态；又或者你是否受不了领导的吹毛求疵、各种挑剔？好像每个领导都有毛病，和你的八字不合。

作为领导，你是否抱怨过下属的个性十足难管理；你是否被下属做事粗心大意所烦恼；你是否困惑过下属的员工怎么就那么缺乏主动性,不拽不动呢;又或者你是否抱怨过下属做事一根筋,不知道变通?好像很难找到一个既听话又工作成效高的下属。

不管是下属还是领导,在职场沟通中都会遇到棘手的问题。处理好人际关系的大前提就是我们要充分认识到,人与人之间在思考问题的方式、做事的风格上都是不一样的。有些人思考问题会关注事多一些,而有些人关注人会大于关注事,有些人做事是比较快和外向的,而另一些人比较慢和内向。基于关注事还是关注人、外向还是内向这两个维度就可以把人分为四种不同的类型,而这个模型就是在职场中非常实用的 DISC 行为模型。

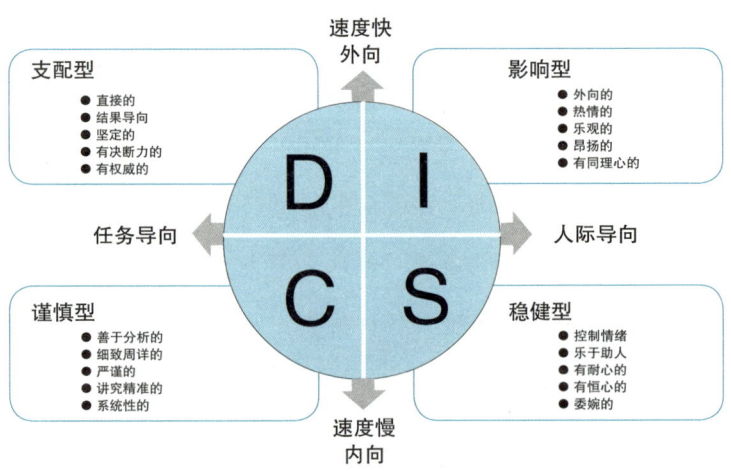

第二章
Energy，精力，能量的来源

根据一个人到底是任务导向还是人际导向，比较外向还是内向，我们可以把人的行为风格分为 D、I、S、C 四种，任务导向而且比较外向的是 D 特质，人际导向而且比较外向的是 I 特质，人际导向而且比较内向的是 S 特质，任务导向而且比较内向的是 C 特质。这里需要明确的是，我们人为地把人的行为风格分成四种，不代表一个人身上只有 D、只有 I、只有 S、只有 C，其实每个人都是 D、I、S、C 的综合体，只是占比不同，通常每个人都会有两个或者三个比较明显的特质，我们通常简称某个人是 D，不代表这个人没有其他三种，只是这个人的 D 特质比较明显。

为了更好地认识自己，了解他人，我们先进行一个 DISC 测试，看看你是属于哪种类型的人：

沟通与内在风格分析

说明：
仔细阅读每组的四个描述，每组当中要选出两个来，一个是最像你的，一个是最不像你的。最像你的那个选择用笔圈上该项前面的"M"，最不像你的那个选择用笔圈上该项前面的"L"。

记住：
每组中你只选一个最像自己的描述和一个最不像自己的描述。

注意：
要实事求是，不是哪个听起来好听就选哪个。

#		#	
1	M L 兴致勃勃：对事物感到兴奋 M L 敢作敢为：勇于冒险 M L 交往得体：彬彬有礼，尊重他人 M L 满足：心意满足	15	M L 有吸引力：令人喜爱 M L 自我省察：深思熟虑 M L 固执：拒绝妥协 M L 可预测：始终如一
2	M L 谨慎：小心 M L 有决定力：持之以恒 M L 有信服力：能说服他人赞同或相信 M L 性情温和：善良、顺服	16	M L 有逻辑性：仔细考虑问题 M L 大胆：敢于冒险 M L 忠心：忠于朋友 M L 迷人：讨人喜欢，有吸引力
3	M L 友善：乐于与人共处 M L 精密准确：按照要求处理事情 M L 坦率：说话毫不掩饰自己 M L 冷静：不易受外界干扰	17	M L 平易近人：对人亲切 M L 有耐心：心平气和 M L 自信：相信自己 M L 语气温和：说话轻声细语
4	M L 多话：滔滔不绝 M L 自制力强：善于掩饰自己的情感 M L 循规蹈矩：用常规方法行事 M L 果断：速断速决	18	M L 心甘乐意：乐于助人 M L 热切渴望：有强烈的欲望要做某些事 M L 彻底：做事有始有终 M L 情绪高昂：兴致勃勃，精力充沛
5	M L 具有冒险精神：勇于尝试新事物 M L 具有洞察力：能看清事实 M L 善交际：乐于与人交往 M L 适中：不偏激	19	M L 积极进取：行动强而有力 M L 外向：爱交际、兴致勃勃 M L 和蔼可亲：随和、真诚 M L 瞻前顾后：顾虑重重、犹豫不决
6	M L 温和：仁慈待人 M L 有说服力：能说服他人 M L 谦虚：不骄傲 M L 善于创新：用新的方法处理事情	20	M L 充满信心：有自信 M L 有同情心：为他人的忧而忧 M L 公正：平等地对待所有人 M L 肯定：确信而强有力
7	M L 善于表达：懂得表现情感 M L 认真：谨慎专注 M L 支配欲强：喜欢处于控制地位 M L 反应力强：对别人的言行能做出积极反应	21	M L 纪律严明：按计划行事 M L 慷慨大方：愿意与人分享、毫不自私 M L 生机勃勃：活泼、主动、溢于言表 M L 执着：不轻易放弃
8	M L 泰然自若：做事充满信心 M L 敏锐的洞察力：细心、善于观察 M L 朴实：从不自吹自擂 M L 性急：坐立不安，喜欢有所变化	22	M L 感情用事：行动不经过太多思考 M L 内向：为人隐秘、孤僻 M L 坚强：有魅力、有威信 M L 悠游自在：不轻易感到心烦意乱
9	M L 圆滑：周到谨慎 M L 随和：愿意赞同别人的意见 M L 有魅力：能吸引别人 M L 坚持观点：坚信自己的观点	23	M L 善于交际：喜爱与众人交往 M L 优雅：具有良好的举止风度 M L 精力充沛：行动强而有力 M L 宽宏大量：慈悲为怀、宽容谅解
10	M L 勇敢：有勇气、无畏 M L 善于鼓舞人：激励别人去做事 M L 乐于服从：顺从、温和 M L 胆怯：害怕、缺乏信心	24	M L 俘获人心：使人神魂颠倒 M L 安于现状：容易满足 M L 苛求：利用强权达到目的 M L 循规蹈矩：按规矩行事
11	M L 拘谨：沉默寡言，自制 M L 恳切：乐于助人 M L 意志坚定：不轻易让步 M L 活泼：快乐，积极	25	M L 爱辩论：喜欢争辩 M L 有条理：做事思路清晰 M L 愿意合作：能与他人融洽合作 M L 心情开朗：无忧无虑、心情愉快
12	M L 激发性：令人振奋 M L 仁慈性：愿意施予或分享 M L 有洞察力：能够理解所发生的事情 M L 独立性：不依赖别人	26	M L 快乐逍遥：充满欢乐、俏皮 M L 精益求精：喜欢任何事情都准确无误 M L 直截了当：大胆、坦率 M L 脾气温和：不轻易发怒
13	M L 好胜：渴望获胜 M L 体谅：关心助人 M L 欢乐愉快：充满活力，无忧无虑 M L 隐秘的：不冒然暴露想法	27	M L 坐立不安：寻求改变 M L 友善：乐于助人 M L 有感染力：有吸引力、讨人欢心 M L 小心谨慎：专注以避免犯错
14	M L 挑剔：要求事物丝毫不差 M L 顺从：愿意听从指示 M L 坚定：不改变主张、心意 M L 调皮：喜欢耍乐	28	M L 尊重他人：为他人着想 M L 领导先锋：喜爱新事物 M L 乐观：总是往好的一面看 M L 乐于助人：喜爱帮助他人

第二章
Energy，精力，能量的来源

根据上面的测试，在下面的表格中对应的位置将字母圈出来，比如第 1 题你的 M 是第一个，L 是第二个，那么就在下表中第 1 题 "最像 M 第一列" 把第一个圈上，也就是把字母 I 圈上；把第一题 "最不像 L 第二列" 的第二个圈上，也就是把字母 D 圈上。第 2~28 题以此类推。

	最像 M 第一列	最不像 L 第二列		最像 M 第一列	最不像 L 第二列
1	I D C S	N D C S	15	I C D S	I C D S
2	C D I S	C D I N	16	C D S I	C D S I
3	I C D S	I C D S	17	I S D C	I N D C
4	I C S D	I C S D	18	S D C I	S N C I
5	D C I S	D N I S	19	D I S N	D I S C
6	S I C N	S N C D	20	I S C D	I S C D
7	I C D S	I C D S	21	C S I D	C S I D
8	N C S D	I N S D	22	I C D S	I C D S

HEAT 能/量/法/则

	最像 M 第一列	最不像 L 第二列		最像 M 第一列	最不像 L 第二列
9	C S I D	C S I D	23	I C D S	I C D S
10	N I S C	D I N C	24	I S D C	I S D C
11	C S D I	C S D I	25	D C S I	D C N I
12	I S C N	I S C D	26	I C D S	I C D S
13	D S I C	D S I C	27	D S I C	D S I C
14	N S D I	C S D I	28	N D I S	C D N S

根据上表圈出来的结果，分别统计最像 M 和最不像 L 中 D、I、S、C、N 的数量，填入下面的表一和表二中。

表一

第一列 最像 M	D	I	S	C	N	总数	应该等于
							28

表二

第二列 最不像 L	D	I	S	C	N	总数	应该等于
							28

第二章
Energy，精力，能量的来源

计算 D "最像 M" 和 "最不像 L" 之间的差值，如果 "最像 M" 栏的数大于 "最不像 L" 栏的数，就标上 "＋" 号；如果 "最像 M" 栏的数小于 "最不像 L" 栏的数，就标上 "－"号；差值写在下面的表三中。对 I、S、C 同样。

表三

一、二列差值	D	I	S	C	N 不计算	注意：数字前面要加上相应的 "＋" 号或 "－" 号

第一步：将表一中的 D 转化到下面的图 1 上。在 D 下面相应的数字上画小黑圈；I、S、C 依此类推。

第二步：将表二中的 D 转化到下面的图 2 上。在 D 下面相应的数字上画小黑圈；I、S、C 依此类推。

第三步：将表三中的 D 转化到下面的图 3 上。在 D 下面相应的数字上画小黑圈；I、S、C 依此类推。要注意 "＋" 号和 "－" 号。

第四步：用直线连接所有的小黑圈。

第五步：将图三中的最高点圈出来，并注意在阴影区间以上的第二高的点。

图一：面具，公众面前力图做到的自我   图二：本质，真正的自我   图三：镜子，别人眼中的自我

D	I	S	C	
26	21	20	17	7
12	13	13	11	
11	12	12	10	
	11			6
10	10	11		
9	9	10	9	
8				5
7	8		8	
6	7		7	
		8		4
5	6	7	6	
	5	6		3
4	4	5	5	
			4	
3		4	3	2
2	3	3		
	2			1
1		2	1	
0		1 0	0	

D	I	S	C	
0	0	0	0	7
1	1	1	1	
2			2	
3	2	2	3	6
4	3	1	4	
5				
6	4	2	5	5
7	5		6	
8	6	3	7	4
9		4		
10			8	3
11	7	5	9	
12	8		10	
13	9	6	11	2
14	10	7	12	
15	11	8 9	13	
16	12		14	1
24	18	17	26	

D	I	S	C	
+26	+20	+19	+17	7
+9		+13		
	+11	+11	+8	
+7	+10	+10	+6	
+6	+9	+9		6
+5	+8			
+4	+7	+8	+5	
+3	+6			
+2	+5	+7	+4	
+1	+4		+3	5
0	+3	+6	+2	
-1	+2			
-2	+1	+5	+1	
-3			0	
-4	0	+4	-1	4
	-1	+3	-2	
-5			-3	
-6	-2	+2	-4	
-7	-3	+1	-5	3
-8	-4	0	-6	
-9	-5	-1	-7	
-10	-6	-2	-8	2
		-3	-9	
-12	-7	-4	-10	
-13	-9	-5	-11	
		-11	-14	
-15		-6		1
-24	-18	-14	-22	

我们先来看看三个图的差异：

图一代表公众面前表现的特性，也就是你力图在公众面前想要展现的一面，这不一定是最真实的你，是你力图想表现出来的样子，所以类似于戴着面具的你。

第二章
Energy，精力，能量的来源

图二是真正的你自己，就是那个你原本的样子。如果图二与图一一致，说明你的工作是比较轻松的，表里一致，不需要去伪装自己。如果图二与图一差异很大，那么很可能你在家里是一种样子，到了公司就是变了一个人一样。

图三代表的是别人眼中的你，就是站在别人的视角，他们觉得你是什么类型的。通常情况下三个图会有一定的差异，如果三个图的形状基本一致，说明目前的状态是你比较满意的，工作中充分发挥了你的特点。

我们再来看看三个图的共同点：

三个图中的右侧都有 1~7 分的坐标，通常大于 4 分的那个特点才是你较为明显的特点，分值越高，那一项的特点越鲜明，比如你的 D 如果是 7 分，那就比同样是 D 但是 D 值是 5 分的人 D 的特征更明显。大部分人是 1~2 个位于 4 分以上，极少数人会有 3 个都位于 4 分以上的部分。有一些人 4 个特质都能平均，没有哪一个特质比较突出，这类人的优点就是适应能力强，和谁都能合得来，相对应的劣势就是缺少自己的个性和观点，更多的是满足别人多一些。

我们知道了自己是什么类型以后，再来看一下 DISC 每种类型的人都有什么特点。见下表：

类型	表现	领导力	过当
D	1. 主动握手，而且用力 2. 目光直视，表情严厉 3. 命令口吻 4. 打断别人说话 5. 说话快、做事快、走路快 6. 很少说谢谢和对不起	1. 魄力，敢于担责任 2. 有远见，战略思维 3. 铁腕手段 4. 赢家心态 5. 快速高效 6. 结果导向 7. 时间观念强	1. 缺乏亲和力，难以接近 2. 坏脾气，易暴躁 3. 少赞美，多批评 4. 缺少同理心和耐心 5. 独断专行，不善倾听 6. 想一出是一出 7. 工作狂
I	1. 爱笑 2. 显摆 3. 自来熟 4. 健谈、肢体语言丰富 5. 时尚、爱美 6. 每个人说的都对	1. 魅力 2. 激情和感染力 3. 善于沟通，社交家 4. 平等民主 5. 幽默 6. 激励人心	1. 盲目乐观，过度承诺 2. 话太多 3. 墙头草，没原则 4. 不关注细节 5. 情绪化 6. 缺乏计划性
S	1. 轻轻握手而友好 2. 安静和善，面带微笑 3. 耐心倾听，耐心讲故事 4. 办公桌放家人照片 5. 东西井然有序 6. 说话慢，行动慢 7. 不轻易发表观点	1. 亲和力 2. 同理心 3. 坚持不懈 4. 谦逊低调 5. 利他主义者，服务型领导 6. 包容与授权 7. 团队协作能力强	1. 优柔寡断，过于委婉 2. 行动力差，不拽不动 3. 不愿交流，认为沟通成本高 4. 安于现状，不愿变革 5. 过于妥协，难以说不
C	1. 办公室整洁有序 2. 逻辑性强 3. 准时，必须按计划进行 4. 容易愁眉苦脸 5. 细节控	1. 执行力强，不找借口 2. 坚持原则，严守纪律 3. 细节至上，完美主义 4. 摆事实，讲数据 5. 计划性强 6. 以身作则	1. 吹毛求疵 2. 只见树木不见森林 3. 过于教条，缺乏灵活 4. 事必躬亲，难以授权 5. 悲观消极，怀疑主义

了解了每个类型的人的不同特点，在知彼这个层面就深入很多，也就便于我们与不同类型的上司或者下属打交道了，详见下表：

类型	与该类型上司沟通	与该类型下属沟通
D	1. 钝感力 2. 幽默 3. 语言柔道 4. 只说关键，直奔主题 5. 积极主动 6. 领导，请您签字 7. 快速比完美重要 8. 我不要加班费 9. 别说不可能	1. 一手软一手硬 2. 只要能打仗，情愿为他牵马 3. 当爹不当妈 4. 亮一手绝活 5. 另眼相看 6. 你的地盘你做主 7. 明确底线
I	1. 领导，你真的很棒 2. 好哥们 3. 让领导笑	1. 表扬是最低成本的激励 2. 先爱后管 3. 创造有趣的氛围 4. 让他们发光
S	1. 沉住气，别催，理解"不表态的表态（不同意）" 2. 小事不打扰，大事不专断 3. 找到共同的情感频道 4. 替上司担当"恶名" 5. 别太张扬	1. 态度 nice 一些 2. 做下属的遮阳伞 3. 需要准时下班，家庭导向型 4. 情谊胜过金钱 5. 帮下属拿主意 6. 别太急，变化别太大
C	1. 底线就是"做事正确" 2. 原则第一，不找借口 3. 想清楚，说明白 4. 实话实说，诚实诚信	1. 请让我明白一二三 2. 要讲足道理 3. 切勿朝夕改 4. 你办事，我放心

第二章
Energy, 精力，能量的来源

知道了每个人都是不同的，在沟通的时候就不会有那么多矛盾了，也就不会要求对方必须按照自己的行为和做事方式去做事了，最好的方式是用最适合那个人的方式去与他沟通。了解差异、认同差异、运用差异是人际沟通非常重要的环节，拥有良好的人际关系，更有助于培养我们的情感精力。

和谐沟通的 3F 法则

在上一节，我们学习了 DISC 行为风格，认识到每个人都是不同的，这能更好地帮助我们与他人进行差异化的沟通，这一节我们着重介绍人际关系中比较通用的沟通技巧——和谐沟通的 3F 法则，3F 分别指事实（Fact）、感受（Feel）、意图（Focus）。

Fact，只谈论事实，不进行评判。不用自己的想法和固有观念对对方的话进行评判，客观地描述发生的事情。事实是客观发生的事情，它不会因为不同的人从不同的角度去看它而改变，所以当我们在谈论事实的时候，就不容易发生争辩。假设你是部门的负责人，正常情况公司 9 点上班，有一个同事连续 3 天都是 9：30 才到公司，你决定找他聊一聊，于是你把他叫到办公室。试想如果你说"你为什么总是迟到，怎么这么懒惰呢"这样的话，你们之间的沟通还能愉快地进行吗，或许你发泄了心中的怒火，但

第二章
Energy，精力，能量的来源

是并没有解决你真正期待解决的问题。如果你换另一种描述事实的方法，"小张，我发现最近 3 天你都是 9：30 才到公司，而之前都是 9 点到，有什么原因吗，"小张不仅更容易接受，告诉你真实的原因，还会和你共同探讨解决方案。以下这首歌来自《非暴力沟通》，反映了事实和评论的区别：

我从未见过懒惰的人；
我见过，
有个人有时在下午睡觉，
在雨天不出门，
但他不是个懒惰的人。
请在说我胡言乱语之前，
想一想，他是个懒惰的人，还是
他的行为被我们称为"懒惰"？

我从未见过愚蠢的孩子；
我见过有个孩子有时做的事，
我不理解，
或不按我的吩咐做事情；
但他不是愚蠢的孩子。

请在说他愚蠢之前,
想一想,他是个愚蠢的孩子,还是,
他懂的事情与你不一样?

我们说有的人懒惰,
另一些人说他们与世无争;
我们说有的人愚蠢,
另一些人说他的学习方法有区别。

因此,我得出结论,
如果不把事实,
和意见混为一谈,
我们将不再困惑。
因为你可能无所谓,我也想说:
这只是我的意见。

Feel,倾听和表达自己的感受。倾听和表达感受在人际沟通中是非常难的地方,我们常常用评判、想法、情绪来表达感受。要么沉默、要么暴力、要么挖苦、要么讽刺地表达自己的感受,但这通常都不是良好的沟通方式,反而会让人际关系越来越糟糕。

第二章
Energy，精力，能量的来源

在我大学的时候，我的一位室友是吉他协会的会长，每天都会在宿舍练吉他，尤其是在我们中午睡午觉的时候他也弹。我每天中午都有午睡的习惯，这让我十分烦躁，刚开始我一直忍，终于有一天忍无可忍，爆发了，对他吼道："你×××能不能不弹了，老子要睡觉，再弹去外面弹！"结果他不仅没停止，反而更加大声，并没有达到我的目的。后来有一次吃饭，就弹吉他的时间问题，我充分地表达了我的感受——烦恼、不快、愤怒……反而这次他听进去了，后来就很少在我们中午午睡的时候弹吉他了。

为了清晰地表达感受，我们在平时可以建立一个自己专属的感受词汇表，比如我们在满足的时候，可以用喜悦、高兴、开心、幸福、温暖、满足、平静、欣慰等词语，在表达不满足的时候可以用沮丧、绝望、失望、惭愧、内疚、悲伤等词语。感受就是那些表达情绪的形容词，平时多积累一些，这样在使用的时候就容易表达，有一本书叫《心情词典》，专门介绍不同的感受是什么意思的，有兴趣可以买来翻一翻。

Focus，倾听和表达谈话的意图，也就是聚焦谈话的目标。在聚焦谈话目标方面，最常出现的两种沟通误区是要么离题万里，谈论的事情早已不是最初的出发点，要么双方由谈论事情本身变成了争论，由解决问题演变为是你赢还是我赢的层面上。

前两天，朋友们在微信群里聊天，大家在探讨是应该在大陆买保险还是在香港买，于是大家就畅所欲言，各说利弊。聊着聊着，有一个人说香港的可能会好些，保额高，保障项目更多，紧接着有个人说也别把香港保险想象得那么好，都有很多坑的，有一次去香港，就被香港人坑了。于是话题极速飞转，由谈论保险变成了香港人有多坑以及在香港遇到的不爽的事上面去了。如果你细心观察，你会发现工作中很多时候聊着聊着就偏题了，如果你有了Focus的意识，你就能及时把话题拉回来。

如果说上面一种只是跑题还不会造成人际关系影响的话，那下面这种就有可能造成人际关系的紧张。

在互联网公司，通常都会有产品经理和研发经理，产品经理规划好产品后让研发开发，理论上来说研发只需要按照产品经理的要求开发就好了，但实际是研发对于自己认为不合理的地方也会提出修改建议，免得自己开发出来

第二章
Energy，精力，能量的来源

的东西没人用，这本来就是就事论事的场景，而实际情况是，由于双方的观点都是没有客观事实依据的，都是基于主观想法的判断，谁也说服不了谁，于是优化产品就演变为产品经理是对的还是研发经理是对的的争辩上去了，这时候如果没有强大的聚焦目标的意识，是很难使对话回归到理性进而解决问题的，通常还会损害同事之间的人际关系，影响工作的情绪和效率。

以上便是3F沟通法的三个原则——描述事实、表达感受、聚焦意图。3F沟通法可以解决工作中很多棘手的问题。我们来看一个发生在我朋友身上对涨工资不满足预期的例子。

我有一个朋友，在3月份公司调工资的时候，自己的涨幅为5%，她原本以为凭借自己的努力和给公司带来的效益可以涨10%~20%，所以在看到通知的时候，极其气愤和不满，于是她问我该怎么办。本着先处理情绪再处理事情的原则，我先问她此刻的心情是怎样的。她说很气愤，甚至想冲到老板办公室，直接拍桌子走人了。接着我肯定了她这种情绪与感受，然后问她这种情绪是自己的哪个需求和目标没有得到满足，得知是工资涨幅和自己的预期差太远。我说，所以你想解决的是如何争取涨工资而不是发完脾气不欢而散。当聚焦在要实现的目标而不是发泄情绪的时候，她的情绪就已经缓和得差不多了。接着她问我要怎么和老板沟通，我就把3F沟通法的套路介绍给了她，先说自己工资涨幅的事实，同时述说自己在过去半年或者一年为公司带来的成果的事实，然后表达自己对公司这个决定的感受，最后表明自己期待涨工资的想法以及接下来努力工作的决心。在提涨工资的时候切忌用威胁的口吻和对方沟通。她按照这样的方式心平气和地和老板进行了面谈，老板肯定了她过去的工作以及对她的认可，同时也说出了这么调整的原因，希望她能够理解。最后经过老板的考虑，对她的工资进行了重新的调整，虽然没达到期待中那么高，也满足了她的需求。

在3F沟通过程中，有一个非常大的障碍，就是情绪，情绪就像洪水猛兽般凶猛，人们在情绪上来的时候，大部分人都是不理智的，很难做到理智地关注自己谈话的意图和目标。关于如何管理情绪，我们在下一节进行讨论。

第二章
Energy, 精力，能量的来源

管理自己的情绪

情绪是情感中最重要的组成部分，情绪也是人生中最具影响力、最不能忽视的课题。关于情绪，存在很多误解，比如，"情绪是与生俱来的，有些人生下来就多愁善感""情绪是外在事物引起的，每次我看见他上班迟到我就生气""情绪是可以操纵自己的，当我心情不好时，我什么都不想做，等我心情好的时候再说吧"，等等。

在解开情绪的一个个误解之前，我们先来了解一下，情绪是怎么产生的。以前，人们一直认为情绪总是和固定的人、事物相关联，只要某些人做了某件事或者遇到什么事件，就会有相应的情绪。而情绪的真正来源其实是一个人的思维模式，是人们对于事件的看法和解读。举个例子，假如你开车去上班的路上，忽然前面一辆车挡住了你前进的方向，你不断地按喇叭也没有理睬，这时候你会是什么情绪？或许是暴躁、责备、谩骂……而正当你准备报警的时候，你得知前面的那个司机就在不久前被劫匪绑架了，人根本不在车里，这时候你又会是什么情况？或许是恐惧、担心、同情……对于同样的事件，你的情绪却发生了前后不同的情绪变化，也就是说我们的情绪并不是由事件本身产生的，实际上我们情绪的来源是在事件面前，我们给自己讲了一个怎样的故事。下图是行为产生路径的模型：

事件 ▶ 故事 ▶ 情绪 ▶ 行动

同样的事件，不同的人会讲不同的故事，也就会有不同的情绪，进而产生不同的行为。比如同样是面对领导对工作的询问，有的人会讲一个领导看重自己、关心自己的故事，认为这是领导对自己的悉心栽培；有的人会讲一个领导不信任自己的故事，认为这是领导不信任自己工作能力的体现；于是这两种不同故事的人和领导相处的方式也必然是截然不同的。所以，管理好情绪的根源是在事件面前主导你给自己讲的故事。

我们认识了情绪的来源，并不代表我们就不会有各种情绪，当我们有情绪的时候，该怎样处理情绪呢？有效管理我们的情绪有四个步骤。

第一步，觉察。所谓的觉察就是当你有情绪的时候，你自己能够知道自己此刻的情绪。这个很不容易，但是一旦能够做到的话，基本上你的情绪就平静一半了。这个是可以练习的，我个人的练习方法是，当我有情绪的时候，我会沉默几秒，啥都不做，观察自己此刻的状态，然后在心里与自己对话，我此刻的情绪是什么，我拥有这样的情绪，是因为我的什么需求没有得到满足，这样就自然而然地把由关注情绪引到了关注需求上面了。也就是下面要谈论的聚焦目标。冥想也是锻炼觉察能力的有效方法，关于冥想我们将在后面详细介绍。

第二步，聚焦目标。当你能够觉察到自己的情绪并明确了自己的需求和目标的时候，这个时候我们就不是被情绪控制了，而是能够主动地去驾驭情绪这头大象了。所以这个时候要问自己，我的行为和我想要实现的目标一致吗？是不是已经偏离了我想要的目标？那么我该怎样表现，才能够实现我想要的目标呢？当你能够进行到这一步的时候，基本上情绪就已经平静 80% 了。

第三步，抽离。抽离就是换一个角度，换一个身份看待这件事情。很多时候，事情发生在我们自己身上我们怎么想也想不明白，会跳进死胡同。这个时候，假设这件事发生在别人身上，你作为一个旁观者去看待这件事，你会

第二章
Energy，精力，能量的来源

怎么做呢？这样的抽离思考，就能够更加客观地去看待这件事了，很多时候也就释然了。

第四步，接纳。所谓的接纳就是不为已经发生的事烦恼，避免二次伤害。比如你心爱的礼品不小心掉在地上摔坏了，这个时候你可能会悲伤，会自责。但对于这种无法改变的事情，与其伤心难过不如欣然接受，这样自己会更加快乐。接纳就是坦然接受那些既成事实，你改变不了的事情。

刚刚提到怎么去管理和疏导我们的情绪，那是不是说我们就不能发脾气呢？绝对不是，脾气肯定是可以发的，但是发脾气先要想明白三个问题。

第一，发脾气的场合安全吗？假如你身处一个陌生的环境，面对一个膀大腰圆的壮汉，这个时候你也可以发脾气，但最好是能想好发脾气的后果是不是自己可以承受的。

第二，你和发脾气的对象是一次性关系还是持续性关系呢？要知道，不管什么时候发脾气都是互相伤害，如果你们只是一次性关系，那也还好，反正以后很难再有交集，但倘若你们是持续性关系，彼此抬头不见低头见，那还是不发脾气为妙，即便后面修复了关系，s之前的伤疤也不可能被完全修复，只是被掩藏罢了。

第三，发脾气有利于你的首要目标实现吗？如果发脾气是为了实现目标,那就发吧,前提是满足前面两条。

记得有一次我去深圳农行办卡,当时人不多,我走到人工服务窗口,被告知可以用大厅的自助开卡机,于是我按照要求一步步操作,可能是刚刚投入使用,流程很复杂,而且旁边也没有服务人员,于是开卡失败后,我又来到了人工窗口,被告知是办不了,一定要在自助机上办理。当时我就怒了,我说首先人工窗口没有人,其次,你让我去自助机办理我去了,但是不好用没办成功。你说人工窗口开不了卡,我没听说过,你给不给开,不给开我就打电话投诉你,于是我通过电话进行了投诉,说明了情况,然后电话那边让我把电话给柜台人员,那个人就迅速地帮我开了卡,同时客服那边给我道了歉。

之所以敢发脾气,一是因为有利于我的目标实现,二是基本上我和这些人不会再进行第二次的交往,要不是非得要他们的一张储蓄卡,我连去都不去。其次,在这种情况下发脾气对自身来说是安全的。在我们工作中,面对我们的领导,我们的同事,我们的客户,能不发脾气还是别发了吧,否则就是把自己的路越走越窄,再说和大家处不好关系,怎么能够舒心地工作呢?

第二章
Energy,精力,能量的来源

了解了以上内容,可以帮助我们有效地管理好自己的情绪。那么当与我们交往的身边人有情绪时,我们应该怎样正确处理呢?

第一,接受。接受的意思就是"你现在的状态我是接受的,我愿意与你沟通"。

第二,分享。邀请对方分享他此刻的感受。比如说"我很想知道你此刻的感受是什么",如果对方不能够准确地形容自己的感受,也可以运用复述或者猜测的方式来引导,比如"不知道我的理解对不对,你想表达的是……"或者"是不是因为我做了什么,让你不开心了"等,通过这样的对话,帮助对方打开话匣子,当他能够把内心的感受分享出来的时候,就成功一半了。

第三,肯定。不管对方是什么样的感受,都应该先给予肯定,给予肯定之后,对方就会更容易接受你接下来说的话,比如,"你感到嫉妒是正常的,非常能够理解,因为他比你来得晚,还比你先升职。但你用那么难听的字眼当众骂他,让同事和领导都听见,岂不是更让他们觉得让他升职是对的,你以后升职的机会不是更少了吗?"

第四,引导。还是归结到目标上来,要帮助他们解决问题就要询问他们想得到什么,然后一起讨论解决问题的一些方法。引导他们去拓展自己的想法,找到更好的选择,进而帮助他们在下次出现类似问题的时候，不是通过情绪去表达自己的需求而是通过沟通去解决问题。

情绪是我们情感的重要组成部分，即便是负面情绪，往往也具有正面价值，愤怒给我们力量去改变一个不能接受的情况，痛苦帮助我们做出改变，指引我们去寻找一个摆脱的方向，恐惧指引我们去思考可以做些什么使自己无需某些代价……所以情绪并不可怕，关键是当情绪来的时候，觉察自己是什么情绪，以及如何疏导情绪，而不是让情绪控制我们，一旦被情绪控制，就容易做出影响人际关系的错误决定。

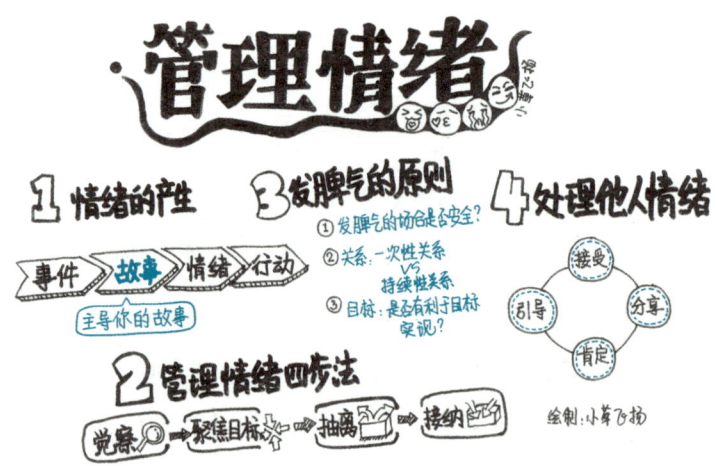

第二章
Energy, 精力，能量的来源

建立和谐关系的三个技巧

❧

在人际情感方面，即便每个人的行为风格都不一样，但有一些方面是共通的，是每个人都喜欢的，能对促进情感链接起到非常重要的帮助，这几方面分别是学会倾听、赞美他人、表达感谢。

学会倾听

倾听是一门大学问，人人都会听，人人又都不会听。很多人认为人际情感中，如何说比如何听重要，实际上，学会了倾听，大部分人际关系问题都不是问题。按照倾听的模式和质量，我把倾听分为三个层次。

第一层次——似听非听。这种倾听方式在职场中比较常见，但是隐蔽性极高，不易被发现，在一对一或一对多的时候，都会有此类情况发生。比如小黄有事找小王，于是来到了小王的办公桌前，小王一般听着小黄讲话一边处理着其他事情，时不时看看小黄并给出"嗯、对、是的"的回应，看似小王在认真倾听小黄的讲话，其实小王大脑里正在处理另外一件事，只是表现出在听的样子，实际并没有听，也就是我们常常说的左耳进右耳出。似听非听还有一个表现就是不仅和对方有眼神交流，还时不时点头表现出很专注的样子，其实自己的注意力早就飞向别处了。似听非听的倾听方式应该杜绝，如果你现在正在忙其他的事情，可以告知对方此刻正在处理另外一件事，处理完再和对方沟通。如果是对方聊的话题你非常不感兴趣，可以用委婉的方式告知对方，也会节省自己的时间，比似听非听更明智。

第二层次——以"我"为中心的倾听。这个层次的倾听是最常见的倾听方式，不管是在职场还是生活中。以"我"为中心的倾听，常常表现为以下几个方面。

（1）选择性倾听。只听自己感兴趣的那部分，对于自己不感兴趣的部分直接过滤掉。对于感兴趣那部分边听边脑补，往往是对方还没有说出真相，自己在大脑里已经先人一步想出了真相。通常出现的场景是对方正在说，最后突然打断对方，然后把自己猜到的结果表达出来，如果此时表达的结果不是对方想要表达的就比较尴尬。

第二章
Energy，精力，能量的来源

（2）回应式倾听。在回应式倾听中，在对方说话时，我们的大脑飞转，针对对方说的内容，我们时刻思考该怎样回答，该提什么样的建议。常常出现下定义或概念的情况。如妄下结论、批判他人、好为人师、爱提建议或者打断对方等。下面这些行为都会妨碍我们体会他人的处境、妨碍倾听。

◎ 建议："我想你应该……"
◎ 比较："这算不了什么。你听听我的经历……"
◎ 说教："如果你这样做……你将会得到很大的好处。"
◎ 安慰："这不是你的错，你已经尽最大努力了。"
◎ 回忆："这让我想起……"
◎ 否定："高兴一点，不要那么难过。"
◎ 同情："哦，你是个可怜的人……"
◎ 询问："这种情况是什么时候开始的？"
◎ 辩解："我原想早点打电话，但昨晚……"
◎ 纠正："事情的经过不是这样的。"

第三层次——以"对方"为中心的倾听，也叫移情倾听。在这个层面的倾听，我们不仅仅注意话语，还有话语背后的语调、语气和语速以及情绪。在这个层次的倾听我们会暂时忘记自己，完全把焦点放在对方的表达上面，我们可以尝试着运用以下三个办法来做到以对方为中心的倾听。

（1）询问观点。表明你很有兴趣了解对方的看法。

（2）确认感受。通过表示高度理解对方的感受增强安全感。

（3）重新描述。当对方说出自己的看法时，你应当重述他们的表达，表明自己不但理解其观点，而且鼓励他们分享内心的想法。尝试说一些鼓励讲话者表达更多想法的话语，比如，"我觉得……""这看起来有点像……""就我理解，你似乎……""看起来好像……""如果我听的没错，你……""我注意到……""我猜想，那种感觉……""再跟我说说……""你是说……吗？"

在沟通的过程中，有时候我们什么都不说，光是重述对方的话，就足以让对方觉得我们就是他们的知音。

赞美他人

只凭一句赞美的话，我就可以充实地生活上两个月。

——马克·吐温

第二章
Energy，精力，能量的来源

几乎没有人不喜欢被赞美，赞美是人与人情感粘合的纽带。在我们很小的时候，不管我们做什么，我们总能收获来自父母和他人的鼓励和赞美，后来上了小学，大人们逐渐关注我们做不好的事情，而对于做得好的事情没有了赞美，认为是理所当然的，慢慢地，我们自己也吝啬对别人的赞美，而赞美是人人渴望的，如果你学会了赞美别人，那么在人际关系中，你就拥有了法宝。

赞美并不是毫无底线地去夸一个人，赞美要符合真诚、及时、具体的原则。首先赞美一个人要真诚，是你发自内心的表达，而不是为了赞美而虚假地赞美，更不是为了操纵别人而赞美，一旦人们意识到获得赞美是对方的一种操纵，后面对于你的赞美就会心存疑虑，所以赞美一定要真诚。赞美的第二个原则是及时，赞美是具有时效性的，假如某个人穿了一件漂亮的衣服，你在看到的时候就赞美说"这件新衣服的颜色真适合你，很合身"，和在两天后对她说"你前两天穿的那件新衣服的颜色真适合你，很合身"是不一样的，后者已经失去了赞美的意义，只有及时的赞美才让对方喜出望外。赞美的第三个原则是具体，切忌假大空的赞美。比如当你对另一个人说，"你的工作能力实在太强了"和说"你的工作能力太强了，别人一周都没有把这个难题解决，你用两天就输出这么有效果的方案，很佩服你"，如果是你，你会喜欢哪个？毫无疑问，肯定是后者，不仅告诉对方好，还要告诉哪里做得好。

知道了赞美的原则之后，赞美有哪些方式呢？赞美可以分为直接赞美、借他人之口、提问式赞美和背地里赞美几种。直接赞美指的是面对面或者线上聊天过程中直接表达你对对方的赞美，是最常见的一种赞美方式。借他人之口指的是转述他人的话来赞美对方，比如你去拜访一个客户公司的老总，你可以说"今天终于见到王总您本人了，早就听李经理说他特别崇拜您，说您从白手起家几年时间就把公司做到了如今这么好的成绩"。当你借他人之口的时候，不仅能避免你直接表达的尴尬，而且在这个过程中还把李经理夸了。提问式赞美是指用类似于提问的方式来表达赞美，比如你听完一个人的演讲，对他说："你的演讲听完真受启发，我的演讲水平怎么训练才能达到您这样的水平？"对方听到后不但很开心，并且愿意与你分享，产生互动，感情也就拉近了。还有一种是背地里赞美，比如小王和小李关系很好，你想夸奖小王，除了当面夸奖小王，还可以跟小李聊，在不经意间夸奖小王，如果小李把赞美转述给小王的话，小王会特别开心，同时对你的印象会非常好。背地的夸奖效果有时候是当面夸奖的十倍以上。

懂得了赞美的原则和方式，我们可以从哪些方面对一个人进行赞美呢？通常情况可以从三个方面进行——外在的、内在的、间接的。外在的赞美就是指可以从穿着打扮、发型、首饰、皮肤、眼睛等方面赞美一个人，如果是天天见面的同事，注意留心他们的变化，如果一个同事刚刚换了发型就被你发现并赞美，她会非常开心。内在的赞美就是指从品格、气质、学历、心胸、特长、处理问题的能力等方面来赞美，这需要基于一定的事实和事件，赞美的时候越具体越能让对方感受到真诚。间接的赞美指的是从工作单位、朋友及他人、籍贯等间接的方面去表达赞美，比如对方是东北人，你就可以用"东北人都比较实在，我很喜欢和东北人交往"来表达赞美。

赞美是一种能力，更是一种习惯，当你习惯赞美一个人的时候，你会发现你的身边全是贵人，时不时就会得到大家的帮助。

表达感谢

我们中国人是不太习惯面对面表达自己的感谢的，有时候会觉得不太自在，即便如此，人们在听到感激时还是非常喜悦的，就像人人都喜欢被赞美一样，没有人不喜欢被感谢。表达感谢是对一个人价值的肯定，当别人做了什

么有助于自己的事情的时候,要时刻记得对对方表示感谢。在表达感谢时,我们可以包括三方面的内容:

(1)对我们有益的行为。

(2)我们的哪些需求得到了满足。

(3)我们的心情怎么样。

比如,"感谢你在这次工作报告中对我的提前辅导,不然我都不知道有多紧张,现在非常轻松"。这三方面没有严格的顺序,把哪个放在前面都是可以的。

在表达感谢时,除了当面表达外,有时候背后表达感谢能起到意想不到的作用。

我有一位朋友娟娟,在一家公司做销售,有一次在和同事聊天的时候她对财务的工作表达了感激之情,而恰恰那个财务经过,听到了她的感谢,当时这个财务并没有说什么,而事后对我的朋友说,她听到娟娟对她的赞美以及工作的肯定特别开心。从那之后,每当娟娟去给客户开发票时,都非常顺畅,甚至有时候当发票数量有限的时候,或者其他关于财务方面的事情,都会优先关照娟娟,这不仅增强了娟娟和财务之间的感情,而且大大促进了娟娟的工作效率,节省了大量的沟通时间,这是娟娟当时没有想到的。可能恰恰是因为娟娟对不同的人习惯性地表达感谢,

第二章
Energy，精力，能量的来源

故很多人都愿意帮助她，如今，她已经连续几个月是她们公司的销售冠军。

爱就要大声说出来，当与别人沟通时，首先要做好认真倾听，把赞美别人和表达感激培养成为一种习惯，慢慢地，你的职场人缘会特别好，做起事情也会越来越顺。在提升情感精力的同时，也促进了工作效能的提升。

建立和谐关系的3大技巧

1. 似听非听
  - 学会倾听
  - 2. 以"我"为中心的倾听
  - 3. 移情倾听

1. 赞美的原则：真诚、及时、具体
2. 赞美方式：直接赞美、借他人之口、提问式赞美、背地里赞美
3. 赞美的方面：外在、内在、直接
  - 赞美他

1. 对我们有益的行为
2. 我们的哪些需要得到满足
3. 我们的心情怎么样
  - 表达感谢

培养自己的自信心

作为职场人士,能够认识到自我价值是高效能工作的源动力,自信乐观是自我价值的重要组成部分。自信是一个人最宝贵的精神财富,也是拥有健康心理的重要标志之一。一个人必须对自己有足够的自信,然后信任别人,别人也才能信任他,从而在合作中寻求共赢。

李中莹在《重塑心灵》这本书提到"自卑的人,在很多事情和任务面前,会把自己缩得很小,当一项工作出现的时候,会胆怯、犹疑、逃避,内心充斥着深深的无力感。自负的人,往往把自己膨胀成一个目空一切、刚愎自用的大力神,对外表现出自己是无敌的形象,其实威武傲慢的表象下可能隐藏着一颗虚弱的灵魂,真正反躬自省时,会发现仍是自我价值不足的表现。唯有自信的人,工作和生活中总是充满了希望,从容淡定中有积极进取的精神,宁静安详里洋溢身心和谐的力量。逆境时,自信帮助我们逢

第二章
Energy，精力，能量的来源

山开路、遇水搭桥，葆有一份不屈不挠的动力；顺境时，它让我们热爱并享受当下的工作状态。"自信，不仅是高效能工作的前提，而且是职场发展、造就辉煌未来非常重要的能力。

那什么是自信呢？自信就是，信赖自己有足够的能力取得所追求的价值，这些价值不断地累积，到了足够多的时候，便会敢于去挑战工作中的一个个任务。有时候，我们会在职场中遇到一类人，他们不会主动承担领导提出来的新任务，当问他们为什么不去主动承担一些事情的时候，他们会告诉你说"我不想答应别人一件事情然后做不好，自己是那种做一件事就要做好的人，"这句话听起来好像挑不出毛病，其实这句话背后是不自信的表现。试想，如果害怕犯错，就永远不会有成长，不去尝试一些新的挑战和任务这本身就是一种错误呀。

那如何才能够培养一个人的自信心呢？因为自信就是信赖自己有足够的能力取得所追求的价值，所以"自信"的基础是"能力"。"能力"的基础是"经验"，"经验"的基础是"尝试"，"尝试"的基础是"感觉"。"感觉"就是想去尝试的内心状态，也就是自信最基本的源动力。

没有想去尝试的感觉，不会去做第一次尝试，因此不能有任何的经验积累，也因此不能发展出做事的能力。自信的基础是能力，但能力本身不一定会产生自信。能力必须要精要肯定才能变成自信。比如你完成了一份报告，证明你是有完成报告的能力的，但是若没有得到上司的肯定，反而被劈头盖脸骂一顿，那么你也不可能变成自信。所以培养自信的完成逻辑是：有感觉→想尝试→积累经验→得到肯定→自信提升。

对于一个不自信的人，帮助他们培养自信的方法，只有一个，那便是制造机会让他们多做事，先从一些难度适中的事情做起，并且帮助他们做好，让他们得到充分的肯定。也就是"鼓励多做→做到→因多做到而得到肯定"。

讲一个我自己的故事。熟悉我的人，都会给我一个自信、阳光的评价，而我的自信也是一点点培养起来的。在我12岁春节那天，我和几个同伴在玩爆竹的时候，因为意外，我的右手除了小指头外，其他四个手指都被炸掉了，成为了一名残疾人。这对一个仅有12岁的小男孩是个沉重的打击，尤其右手已经成为我习惯使用的手，包括吃饭、写字、骑车等。在事故发生的那段时间里，我非常沮丧，甚至可以用绝望来形容，心想这下全完了，今后该怎样学习和生活呢？于是心灰意冷，整天一句话不说，啥都不想做。

父母在那个时候就不断地鼓励我，并且给我讲很多其

第二章
Energy，精力，能量的来源

他残疾人身残志坚的故事，鼓励我用左手写字。在他们的不断鼓励中，我开始尝试用左手写字，由于不习惯，笔也握不住，写出的字也七歪八斜，然而，每当我写完几个字，不仅父母说好看，而且身边的护士和医生也说好看。他们这一说，我还真觉得自己的字写得好看了（原来右手写字就很难看），于是就更有动力用左手写字了，写完又会得到大家的赞美与肯定。于是就形成了"我尝试写——写出几个字——得到赞美与肯定——写得更多——继续得到肯定"的良性循环。不仅字一天天写得好了，而且逐渐找到了对生活的信心。这就是多做，然后做到，因做到而得到肯定的培养自信的方法。

还有一件事，对我自信心的增强也是一个关键。在事故发生前，我是一个游戏爱好者，就是特别贪玩游戏的那种，那个时候玩的是"小霸王"那种用手柄的游戏机，左手控制方向，右手控制技能。每次只要父母不在家，就悄悄拿出藏起来的装备连上电视机就开始玩。事故发生后，心想这类游戏应该是和我没啥关系了。出院在家休养的那段时间，实在无聊，就偷偷地把游戏机拿出来玩，刚开始实在是握不住手柄，后来开始借助外部的力量，比如把手柄放在自己的大腿上或者桌子上形成固定，然后再用一根手指控制技能，幸亏右手还留了一根小指头，发现其实是可以做到了。尽管不是那么流畅，经过不断地玩，不断地调整，除了特别复杂的游戏外，基本上能接近原来的水平了，这让我很兴奋，觉得失去几根手指好像并没有那么严重的影响，这对自信心的提升也是一个非常关键的事情。这也是刚开始想尝试，然后做，做到，得到游戏本身给我的肯定，然后不断优化的过程。也正是有了这段经历，不管是大学时候的DOTA，还是现在的王者荣耀，我都能熟练操作，自信让我面对这种需要双手操作的场景至少敢于去尝试。摩托车是需要右手控制油门的，原本以为这类的操作自己是无法控制的，可在尝试几次以后，发现对于摩托车自己也是能够熟练驾驶的，这也是为什么在和身边人交往的过程中，他们根本不会觉得我是个残疾人，因为生活的各个方面好像都没受到什么影响，只有我自己才知道这种自信是怎么一点点积累起来的。

也正是有了自信，才让我在工作中敢于去挑战不同的事情。当我从品质管理转型到销售的时候，很多人都说我不合适，毕竟偏社交的场合形象很重要，但我偏偏不信，心想只要我努力去做，真诚地与他人沟通，一定可以做好。这都是自信给我的力量。正是因为有了这样一系列事情的积累，内心的力量才会一点点强大，现在，我不觉得有什

第二章
Energy，精力，能量的来源

么事情能够让我一蹶不振，这也许就是自信乐观对思维的重要性，进而对精力是个非常大的促进。

那么对于那些已经进入职场但还不是很自信的人该怎么做呢？

首先，要调整自己的心态，今天的不自信，就是在为过去的成长补课。因为自信心是小时候就要培养起来的，如果小时候没有培养起来，就要有能够接受从现在开始重新树立自信心的心态。有了这种心态以后，不断尝试工作中的一个个小任务，尽最大努力把这个小任务做好，然后寻求领导和同事的肯定，或者进行自我肯定，之后再逐渐增加自己做事的难度，慢慢地，就有了自信心了。这时候，千万别想着一口吃个胖子，毕竟基础和别人不一样，只要今天的自己比昨天更自信一点点就可以了。

其次，当面对一件事情的时候，与自己来一次对话，问问自己在害怕什么，是害怕事情本身，还是害怕把事情搞砸之后的影响，还是害怕失败。实际情况中，绝大部分人不敢尝试，没有自信，其实是害怕失败本身。事情是没那么可怕的，而把事情搞砸的后果也没什么大不了的，恰恰就是担心自己做不好、担心自己失败的心理，阻碍了自己的尝试和迈出第一步。这在演讲俱乐部见到的情况非常多，很多人不敢在舞台上面对观众演讲，只是害怕这件事本身，其实你想想，即便站在那里演讲砸了好像也没啥后果，观众反而会给你鼓励的掌声，恰恰是对失败本身的恐惧阻碍了自己尝试的开始。所以下次再遇到类似的情况，就先想想，事情就算搞砸了有什么大不了的吗？再说还有领导扛着呢，何必计较成功与失败，反正自己得到了成长与锻炼，这就足够了嘛。

综上，自信心的养成也是有套路可寻的，而且培养起来也没有特别难。有了自信心，一个人的思维会特别活跃，精力也会自然而然地比那些不自信的人充沛，也敢于去尝试一个又一个挑战，工作和生活都会比较高效能。

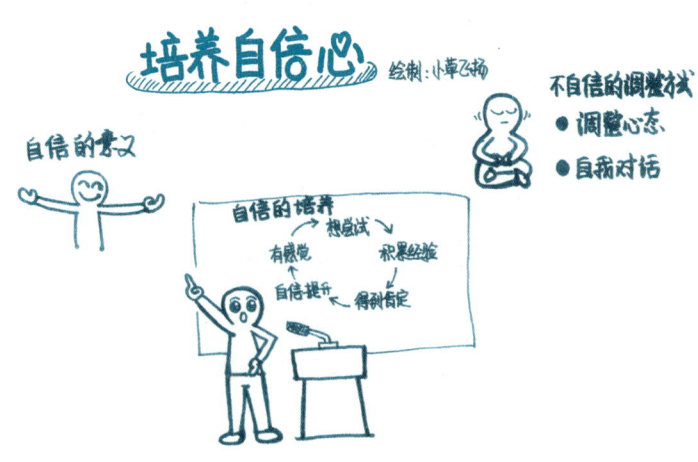

第二章
Energy，精力，能量的来源

如何管理自己的焦虑

∞

如果你去问身边的朋友，十个有九个会告诉你，他们都很焦虑。焦虑已经成为我们这个时代人人都有的常态了。我们似乎总在为自己的职位、孩子的教育、老人的抚养等问题而担忧……焦虑似乎总有理由，但似乎又没有什么来由，经常让我们在某个时间段里无所适从，心神不宁。

为了更好地与焦虑做朋友，我们先来认识一下焦虑。弗洛伊德将焦虑分为三种。

（1）现实焦虑，指人类对现实世界中危险因素的恐惧。当我们担心外部世界会发生一些危险时，大脑就会发出信号提醒我们，这个信号就是现实焦虑。比如，在经过悬崖峭壁时，我们会担心自己跌落下去；比如，在面试前，我们会担心自己表现不好，这是都是现实焦虑的体现。

（2）道德焦虑，指一个人在做错事或者自认为做错事时，其内心就会产生内疚羞愧和自卑感。这种焦虑是对来自自身良心惩罚的恐惧。比如，在领导面前说错话而惴惴不安，因为一直玩游戏而没有看书的内疚感，自己做了违法的事彻夜难眠等，这些都属于道德焦虑。

（3）神经焦虑，是现实焦虑的升级版，往往藏得很深，很难意识到。比如对财富、权力、成功有着强烈拥有的欲望，而又实现不了的时候，就会产生强烈的神经焦虑。

对大部分人来说，现实焦虑与道德焦虑只是偶然出现，并不会影响我们的精力和思维，而真正造成困扰的往往来自神经焦虑。神经焦虑是由自己的欲望过高所带来的，而常常表现在"比较"和"速成"两个方面。

首先说比较，大部分人的焦虑是"比较"出来的。我和他一样努力，凭什么他的工资比我高？我明明比他早进入公司，为什么他的升职比我快？明明我长得这么帅气，为什么他的女朋友比我的美？……每当我们拥有这样的思维时，我们就会充满无限的焦虑。比较是无穷无尽的，尤其是随着自己的交际面不断扩大，认识的厉害的人越来越多，越比较就会越焦虑。当你的工资比同事都高的时候，你发现还不足另一家公司普通员工的零头；当你不断打拼升职为最年轻经理的时候，你发现比你小的九零后已经是市值过亿创业公司的CEO……我常常和我身边的爱比较的朋友说，你如果和姚明比身高，和马云比有钱，和汤唯比

第二章
Energy，精力，能量的来源

美貌，这辈子都得活在焦虑中了。

或许，读到这里，会有一部分人质疑，要按照我这么说，我们不比较，那岂不是没有上进心了吗？其实比较本身没有问题，问题是出在了比较的目的，那些因为比较而焦虑的人，他们比较的出发点是虚荣心，他们是希望自己在别人的眼中看起来好，至于自己是不是真的好，其实并没有那么重要，也就是所谓的表现型人格，之所以不断地通过和别人比较，就是自我认同感不强，当自己把别人比下去了，就会爽，当比不过别人时，就会焦虑。一个自我认同感强的人，他们也会比较，只不过他们比较的目的是为了成长，为了进步。他们更在乎的是自己的变化、自己的进步，所以他们并不在乎，或者说"没那么在乎"自己当前的表现，他们知道任何改变、学习、进步，都有个过程的，所以他们的生活和工作就不会那么焦虑。

所以那些日常工作中焦虑的朋友，想想看，是不是自己的欲望设置得比较高，而又想不断地通过比较满足自己的虚荣心。

焦虑的另一个来源是对欲望的"速成"。明明自己才二十几岁，可是却想立马过上别人四十几岁的生活状态，有房有车有老婆孩儿，还能世界各地到处玩。可是，那些人之所以能过上今天让我们羡慕的生活，也是在二十几岁打拼过来的，也不是一下子就有的呀，我们凭什么毫不努力就获得别人打拼十几年才拥有的生活状态呢？我特别喜欢王鹏程老师讲的一个关于民航客机和直升机的故事。

他说，坐过飞机的朋友都知道一架飞机起飞的过程：接收到塔台的指挥，飞机缓缓滑上跑道，一般在跑道上都要排会儿队，待前面的飞机起航，接指令后，开始在起飞跑道上提速，发动机剧烈轰鸣，到达一定速度，拉起机头，冲上云霄。

这像极了我们的人生。前面的付出，滑上跑道、排队、提速，都是在蓄势，为最后的翱翔做必要的准备。这是规律，是自然法则。而现在的很多年轻人，不想做民航客机，想做直升机。不必经历蓄势的过程，就拔地而起，一飞冲天，直上云霄。

这可能吗？也可能。但三个条件必须具备其一。你要么有过人的才智，可以制造直升机；要么家里很有钱，帮你造好了直升机；要么就是有颜值，有人愿意包养你，直接送你一架直升机。

这三个条件都没有？老老实实去积累，去蓄势，去做你的民航客机吧。

第二章
Energy，精力，能量的来源

所以，如果说绝大部分焦虑是你自找的，是你自己主动选择的结果，一点也不过分。那我们该怎样与焦虑相处呢，如何让焦虑成为你进步的动力而不是成为困扰你的阻力呢？可以从以下几方面着手。

（1）把自己的欲望设定在合理的范围之内。我们可以看一个焦虑的公式：焦虑 = 期待 – 能力，如果你的期待或者欲望比较大，而自己的能力又匹配不到自己的野心，这个时候就必然会焦虑，你要么提升自己的能力，使之满足自己的欲望，要么就降低自己的期待，匹配自己的能力，否则，就会一直焦虑下去，而焦虑的后果就是没心思投入注意力在提升自己的能力上面了。

（2）拒绝攀比。攀比是导致我们内心焦虑的重要原因之一。我们不要轻易与人比较，尤其是拿自己没有的去和别人拥有的比，拿自己的缺点和别人的长处比。如果你真的非比不可，那么为了让自己不焦虑，就拿自己的长处去和别人的短处比吧，然后你会觉得自己其实还挺完美的，内心就会寻找到平衡了，尽管某种程度上属于麻痹自己，但是至少不焦虑了，也是一种方法。

（3）给自己成长的时间。不排除有些人能够坐直升飞机或者火箭直冲云霄，但倘若你只是一架民航客机就按照民航客机的规则，尽管慢了点，但也可以在蓝天翱翔，而且往往民航客机翱翔的时间更长,飞行过程中也会更稳,没什么不好的。

(4)学会冥想,让自己的身心和思维放松。冥想可以有效地帮助我们平静内心,缓解焦虑,同时冥想对于压力的释放也会很有作用,我会用独立的小节,来介绍冥想的方法。

如果你此刻正处于焦虑,就先分析一下自己是哪一种焦虑,如果是现实焦虑,那么问题不大,当影响焦虑的因素消失后就不会焦虑了,如果是道德焦虑,那么就要动用自己的良知去调整,如果是神经焦虑,那么就要调整自己的能力和欲望,同时避免和他人的攀比,做一个成长型的人,而不是表现型的人。

第二章
Energy，精力，能量的来源

压力、阻力还是助力？

心理学家汉斯·塞里是这样定义压力的，"压力本质是一种应激，是机体对生存环境中多种不利因素进行适应的过程，由于适应和应对能力之间的不平衡，导致身心的紧张状态及其反应。"

一直以来，我们都认为压力是不好的，是负面的。如果问别人对压力的感觉，绝大部分人会立刻想到那些烦人、不愉快的体验，如繁重的工作，异乡的孤独或者是被逼婚的经历。而畅销书作者凯利·麦格尼格尔在她的书《自控力：和压力做朋友》中告诉我们，压力并无好坏，关键是如何看待和处理压力，压力也可以帮助我们更好地面对工作和生活。

首先要改变我们的思维方式，改变我们对压力的认知，压力本身并没有害处，而是当你觉得压力有害的时候，压力才是有害的。也就是只有当同时满足"有压力"并且"认为压力有害"的时候,压力才会对我们造成负面影响。试想一下,在你的一生中,有哪件非常重要的事是在毫无压力的情况下完成的?答案当然是没有,因为我们只有在适量的压力下才能激发出最佳表现。当我们做事无压力时,说明我们在舒适区,如果我们从不走出舒适区,便永远无法进步。这也是我们一直说要逃离舒适区的原因,而一旦跳出舒适区,进入学习区,我们就会感觉到压力,而这个压力,恰恰是促使我们进步的动力。但别把步子迈得太大,否则从舒适区直接进入恐慌区,这个压力基本上超过了你本来能承受的压力,那就不是促进学习了,而只剩下恐慌了。

第二章
Energy，精力，能量的来源

为了便于更好地理解一个人的受压能力，我们可以把受压能力理解为肌肉的锻炼，当你去健身房想增加某个部位的肌肉时，如果你的锻炼让肌肉毫无疲劳感，那这部分的肌肉不可能增强，而一下子就超负荷锻炼的话，很容易造成肌肉的损伤，造成永久性损坏。所以只有承受适当的压力，让自己的肌肉感觉到酸痛，这样在休息放松几天之后，你的肌肉就比之前要强一点了。我们可以把压力和表现之间的关系绘制成下面的曲线：

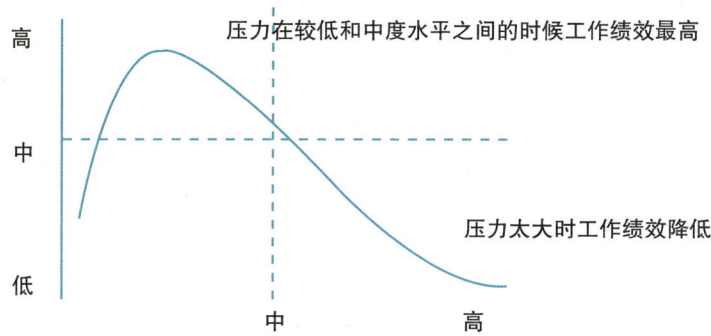

现在让我们来看看工作中常见的几种压力以及思考方式。

压力源一：领导交代给我的任务我搞不定。

思考方式：太好了，我又可以有一次提升自己能力的机会了。在工作中，我们会常常遇到自己觉得搞不定的事情，于是深感压力山大，而这个时候，也恰恰是我们学习、增强自己能力的时候。当你能够这么思考的时候，任务就从搞不定变成了要如何搞定了，于是就会有一系列的方法了，比如可以借鉴身边有经验的人的处理方式，也可以自己看书找资料，还可以直接和领导沟通，说出你的困惑，只要你够虚心，态度够诚恳，相信没有谁是不愿意帮助你的。当你把这个任务搞定的时候，不仅自己的能力得到了提升，自信心也是爆棚啊。

压力源二：领导管理风格太奇葩了，一言不合就开骂。

思考方式：太好了，我又可以有一次提升和不同类型的人打交道的能力了。当你遇到这样的情况时，或许你会选择离职，换一个领导，但是谁也不清楚下一个领导会不会还是这样的方式，万一这辈子遇到的都是这种类型的领导可咋办，总不能不工作吧。又或许你希望领导能够改变，倒不是不可能，但可能性很小，毕竟他努力当上领导并不是为了被你改变的，更何况谁痛苦谁改变，怎么会那么容易改变呢？既然这样，那就改变自己，于是你就会想办法，就很可能学习 DISC 行为风格，突然豁然开朗：那只不过是他的管理方式，并不是针对你，只要用他喜欢的方式和他打交道就好了，当你能够 hold 住这个领导的时候，以后再遇到这样的领导,也就会微微一笑了。

压力源三:工作任务太多,就算天天加班也根本做不完。

思考方式:太好啦,我又可以有一次提升自己处理多任务的能力了。如果任务多是短期的行为,那可以理解,每个公司都会出现短期内任务超多的情况。如果是持续的话,首先梳理一下自己正在处理的事情,按照 3D(Delete、Delegate、Do)法则,看看哪些是可以不做的,哪些是可以授权给别人做的,那些需要自己做的事是不是一定要做到 100 分呢,还是有些做到 60 分就可以了。在做这些事的时候是一次只做一件事情,还是在不同的任务间切换,要知道多任务并行处理是效率很低的工作方式。当经过这一系列思考方式的时候,是不是对自己的任务有了较为清晰的认知了,如果还是觉得任务做不完,就得思考一下是不是自己的能力需要充电了,又变成提升能力的机会了。

所以,压力天天有,每天都很多,当压力来了,别恐惧,别排斥。首先感谢压力,感谢它让你又多了一次成长的机会,what doesn't kill you makes you stronger!

HEAT 能/量/法/则

第二章
Energy，精力，能量的来源

学会冥想

❦

冥想（Meditation）是一些综合性的心理和行为训练，它有助于个体建立一种特殊的注意力机制，达到心理上的整体提升。这个词的英文单词词根与医药（Medical）等词的词根接近。这一词根有注意、关注某物的意思。就冥想而言，你关注的是自己平时难以觉察的维度，是最深入最内在的层面。冥想在瑜伽里经常使用，在佛教中被称为"打坐"，也做"坐禅"。

为什么要冥想，冥想的好处是什么？

（1）冥想可以提升大脑的运作能力，减慢衰老。由耶鲁大学、哈佛大学、马萨诸塞州总医院所做的一项研究显示，冥想在大脑的特定区域增加灰脑质，并可能减缓自然老化过程中的大脑退化这一部分。灰质是一种神经组织，是中枢神经系统的重要组成部分，是大脑运作、思考和记忆的主要区域。长期处于压抑情绪下，大脑灰质细胞会受到损害，影响记忆力与情绪等功能。该实验有20个人进行密集的佛教"内观冥想"训练，另15人则没有打坐。脑部扫描显示，那些打坐的人在脑部负责注意力和处理感觉输入讯息部位的灰质厚度有增加。一些参与者每天打坐40分钟，而其他人已经打坐多年。实验结果显示，脑厚度的变化依冥想时间的长短而变化。厚度的增加在0.1016～0.2032毫米之间，所以冥想对改善大脑结构有着重要的作用。

（2）冥想可以有效缓解焦虑和压力。我们在冥想的时候更多的是对自己的内观，排除外在的干扰，和自己的心灵进行对话。焦虑和压力很大部分原因是来源于内心对外在事物的一些负面看法，所以冥想可以帮助我们用恰当的方式去面对，从而缓解焦虑和压力。

（3）冥想可以帮助提高注意力，更好地专注当下。平时我们在做事的时候，很容易做着做着就去处理另外一件事，然后一会回过来又忘了刚刚做的事。就好比我们在看书的时候忽然有个微信进来，本来打算是看一眼就回来看书的，结果看完消息，又刷了刷朋友圈，这一刷就停不下来，然后竟然忘了要看书这件事。冥想的时候，我们的思绪会不断地向外飞，我们会运用大脑把思绪专注于当下，从而锻炼了我们的专注能力。

（4）此外，冥想还有助于提升创造力、提升自控力、改变元认知能力、改善睡眠等，冥想简直就是思维更新的补丁修复助手。

冥想有这么多的好处，那么怎么样进行冥想呢？

冥想有很多种方法，对于我们这些非专业人士，只是想通过冥想达到专注、减压、保持清晰思维的人而言，只需要了解最简单、最易用的方式即可，对冥想而言，能够用一种最简单的方式践行远远要比不断寻找不同的方法有效得多。

准备阶段

1. 选择一个安静的不被打扰的环境。这一点对刚刚练习冥想的人特别重要，这能保证你的注意力高度集中，思绪能够更加稳定和专注。这个地方可以不大，你的书房、衣帽间、卧室、办公室都可以，唯一的要求就是在冥想的时候要是一个完全私密的不被打扰的空间。

2. 穿着舒适的衣物。冥想的目的之一就是平静心灵，紧绷的衣服会让你不自在，对于冥想而言，穿衣怎么自在怎么来。

3. 想好你要冥想的时间。建议刚入门的朋友别一次性设置太长，5~10分钟为宜。我个人在练习的时候，刚开始到 8 分钟的时候就坚持不住了,所以刚开始别贪多,后面可以慢慢增加时间。我习惯用的计时软件是"Insight Timer",可以调节时间和背景音乐,冥想之后还可以和那些与你一起冥想的人打招呼。当然选什么软件没那么重要。

4. 找一个舒适的地方坐下,后背挺直。关于冥想的坐姿也有很多种,传统的冥想是在地上放一个垫子,然后以莲花坐或者半莲花坐在上面。当然你也可以选择坐在椅子上冥想。双手可以搭在交叠的双腿上,也可以双手自然搭在膝盖上或者自然下垂,用你舒服的方式最重要。在这里,需要特别明确:比起双腿和双手的位置,更重要的是摆正头部、颈部和躯干的位置,保证脊柱垂直。

开始阶段

1. 深呼吸。对呼吸的觉知是冥想练习的精华部分。闭上双眼,用鼻子缓慢吸气,吸气的时候感受空气进入体内的感觉,吸气直到整个腹腔和胸腔充满了空气。停留一秒钟,然后用嘴慢慢地呼气,呼气的时候感受气流从身体排除的感觉,呼气直到整个身体的空气被全部排出体外。注意每次呼吸的节奏——是长的还是短的,是慢的还是快的。

2. 持续默念"呼""吸"。刚开始时,吸气就默念"吸",

呼气的时候就默念"呼"。几分钟后，你就可以不再默念"呼""吸"了。试着专注于呼吸本身。你会注意到空气从鼻子和嘴巴进入和呼出的感觉，感觉到吸气时胸腹部的扩张和呼气时胸腹部的收缩。

3. 分心回归。不再默念"呼""吸"后，你可能更容易走神。对于刚开始冥想的人，走神非常正常，不要怀疑自己做不到。当你发现自己在想别的事情时，重新将注意力集中到呼吸上。如果你觉得很难重新集中注意力，就在心里多默念几遍"呼"和"吸"。或者把注意力集中在自己的身体，按照从下往上依次扫描放松身体的各个部位，脚、小腿、膝盖、大腿、大腿根、臀部、腹部、胸部、背部、肩膀、手臂、手掌、手指、脖子、脸部、耳朵和头顶，时间长短根据适合的方式来定。

完成阶段

1. 慢慢睁开眼睛，从刚刚沉浸的状态逐步苏醒过来。
2. 让内心自由徘徊一小会儿，慢慢将注意力带回到身体上。

冥想的障碍和误区

1. 一直在寻找更好的冥想方法和工具，而没有真正开始冥想。相比于更好的方法和工具，能够用最简单的方法开始执行会有效得多。

2. 冥想并不是让你什么都不想，而是让你不要太分心。如果你在冥想时没法集中注意力，不用担心，你只需要多练习，将注意力重新集中在呼吸或者身体的某个部位上。

3. 对效果的期待。冥想过几天的人会质疑这个方法真的有效吗，为啥冥想好几天了还是没啥感觉。冥想之所以不容易，的确是与它的反馈不易感知有关系，千万不要因为几天下来感觉没效果就中途放弃。

只要懂得了以上的基本操作步骤，就可以开启冥想了。不如就从明天开始，为冥想早起10分钟吧，美好的一天从冥想开始。

第二章
Energy，精力，能量的来源

定期放空

用过智能手机尤其是安卓手机的朋友都知道,用过一段时间,手机就会逐渐变慢,当把手机清理一次就会感觉快了些。这就是清空手机内存的过程。这像极了我们的大脑,如果一直使用,而不重启清空,就会越来越慢,直到不工作为止。

我们的大脑每天都要处理各种各样的事情,也会产生各种缓存和信息垃圾在我们大脑里面,如果这么说不是很好理解的话,你可以拿出手机,打开微信,选择"我"选项,然后在"设置"里面找到"通用",然后点击"存储空间",查看一下你的微信所占用的手机存储空间,一般会在10G左右,是不是很吓人?你从来没想过自己一个微信APP就能占用这么大的空间吧。大脑也是一样,如果我们一直用、用、用,而不注意维护和保养,那么一旦存储空间满了,大脑也就不工作了。

第二章
Energy，精力，能量的来源

很多人有一种观念，认为一直埋头工作，工作效率才高，如果是工作时休息或者放松，就是偷懒的表现。这是一种极其错误的思维理念。对于机械重复工作的人而言，或许这个观念还有一定的道理，比如对于生产线的工人，他们的工作相对是简单的重复，不需要投入太多的脑力，他们的工作产出很大一部分取决于工作的时间。而对于我们大部分从事创造性工作的脑力劳动者而言，这个理念就会扼杀我们的创造性。

特奥·康普诺利在《慢思考》中提到，我们的大脑分为反射脑、思考脑和存储脑。在我们放空思考脑的时候，我们的存储脑在一刻不停地整理、操控、储存、更新脑子里的信息，以便让我们从中归纳知识，得出见解。最重要的一点是，只有当我们暂时从现实中抽离，让思考脑空闲下来，不要求它完成任何重要任务时，存储脑才能顺利执行信息处理的任务。简而言之，外界的输入越少，思考脑的需求越少，存储脑的档案管理系统就越高效。定时放空大脑，什么也不想，什么都不做，对保持智力生产力和创意来说，这样的放松至关重要。因此，很多人眼中"浪费的时间"反而是存储脑的"工作时间"。

我们都经历过这样的情况，有时候我们费尽脑汁思考一个问题，百思不得其解，等到我们停止思考去休息时，脑子里却突然冒出来一个出人意料的创意。由美国电信公司和《今日管理》杂志所作的一项研究表明，2/3的管理者均表示他们最好的主意都是在工作之余产生的。你最好的主意是在什么时候、什么地点产生的呢？典型的答案是：在淋浴的时候、泡澡的时候、剃胡子的时候、开车上班的时候、乘坐地铁的时候、打高尔夫的时候、跑步的时候、健身的时候……大多是在这些我们休息、放空自己大脑的时候。

那么应该怎样放空我们的大脑呢？

首先就是充足的睡眠，这个是最基础的也是最重要的。同时不要一刻不停地摆弄智能手机，用琐碎的小任务填满每一秒的空隙，这样做非常不明智，不仅扼杀学习能力和创造力，而且体能也得不到休息。如果有短暂的间隙，可以闭上双眼，深呼吸，即便是一两分钟的休息和放松，对思维精力的恢复也是非常重要的。

其次，在工作时，找机会放空大脑。一般人在下午三四点的时候容易出现疲劳，这个时候最好能够离开座位，走到室外，在办公楼附近慢走5~10分钟，听一首自己喜欢的音乐。舒展一下身体，伸个懒腰，然后再回来工作，你会感觉大脑又被重新激活了，思维精力再次得到充电。

第三，把需要处理的事情写在纸上或者备忘录上面。

不要把所有事情都记在脑子里,如果每天耗费太多的时间去回忆有哪些事项要处理,哪些做了哪些没做,大脑就会很累,当我们把绝大部分事情写出来,大脑就不用做记忆这部分的事情了。手机软件我经常使用的是"奇妙清单",有什么想法或者需要提醒自己要做的事,就放在里面,既减轻大脑的负担,又不会担心忘记。

最后,去亲近大自然吧,世界那么美,不看多后悔。每三个月腾出一个周末,来个懒散的休闲游,到周边慢节奏的城市,找一个亲近大自然的地方让自己整个心都慢下来。

清空,不是偷懒和浪费时间,而是为了把更好的状态找回来。

Chapter 3

第三章

Attention，注意力，能量的转化

第三章
Attention，注意力，能量的转化

小的时候我们玩过一个游戏，用放大镜在阳光下点燃火柴。刚开始我们都觉得这不可能，于是老师教我们一点点调整放大镜的角度，直到把穿过放大镜的光线汇聚成一个点，然后把这个点对准火柴头，不过几分钟，火柴就被点燃了。把透过放大镜的光线汇聚一个点就类似于我们这一章要谈论的注意力，注意力就是让我们把能量充分聚焦，进而转化为自己的能量。

注意力的重要意义

不管我们要做什么事，实现什么目标，大前提都是投入自己的注意力，而不仅仅是时间，时间是不属于我们任何人的，也不可管理，我们能够管理的其实是我们的注意力。这就好比同样在课堂上的两个人，其中一个人专心听课，把注意力放在老师讲的内容上面，另一个人虽然也坐在课堂，但注意力却飞到了九霄云外，从时间的角度来说，两个人花了同样多的时间上课，但是用在课堂知识的注意力却有本质不同，学习的质量也自然不同。所以，注意力才是我们最宝贵的财富，因为注意力可以管理，而时间不可以管理，我们只可以和时间成为好朋友而已，尽最大努力让时间转化为注意力。

为了更准确地理解"注意力"与"时间"的区别，我们再举一个例子：

假设你和我在同一天各买了一辆同样的车，我买完之

第三章
Attention，注意力，能量的转化

后舍不得用，就停放在了车库，而你每天上下班、旅行都使用这辆车，尽管当别人问起"这车买了多久了"，我们的回答是一样的，实际上这辆车对你和我的价值显然是不一样的。这里面同样的车就类比于我们的时间，每人每天都有 24 小时，但有的人用得多，而有的人用得少甚至没有用，有意识地使用的那部分就是注意力，只有这部分才能为我所用。

如果用车的比喻你还是无感，那么我们干脆来个更直接的，假设有一家银行，每天凌晨都会往你的银行卡里充值 1440 元钱，如果你觉得不够花，银行也不会给你更多，同样，如果你没花完，剩下的部分也不会让你存起来，在一天结束的时候会把账户清空。同样在第二天凌晨还是给你充值 1440 元，在这种情况下，你会怎么支配这 1440 元？

你可能会好奇，能有这样的好事？还真的有这么一家银行，银行的老板就是——时间。时间对每个人都一样，我的一天是 1440 分钟，你也有 1440 分钟，时间就好比 1440 元钱，注意力就是如何分配这 1440 元钱，你是用来消费还是用来投资，结果肯定不一样。时间是公平的，而注意力却是千差万别的，如果你花 2 个小时刷电视剧，那么你的注意力就用在了看电视剧上，如果你每天都用大概 1~2 个小时关注明星的动态，那么你的注意力就用在了关

于娱乐新闻上面。借用经济学中毛利润和净利润的概念，我们可以把每天的24小时比作毛时间，把自己注意力的使用比作净时间。所以，衡量一个人活了多少年，不是说这个人的自然年龄是几岁，而应该用这个人的注意力使用时长来计算，有效地活了多少年。

所以准确地说，我们平时所说的管理时间其实是管理我们的注意力，注意力才是我们最大的财富，也是常常被忽视的财富。当我在培训的时候，我给学员讲这个金钱故事，几乎全部人都会说要把钱用来理财和投资，不会白白浪费，而落实到我们生活中的每一天，我们却恰恰是相反的做法，让大量的时间白白溜走，把仅有的一点注意力也放在那些与自己目标不相关的事情上面。

李笑来老师曾说，在注意力方面，最常见的三个大坑是"莫名其妙地凑热闹、心急火燎地随大流、操碎了别人的心肝"。

第一个浪费注意力的大坑是莫名其妙地凑热闹。凑热闹现在最常见的方式就是在网络上乱逛，比如漫无目的地刷知乎、微博、明星动态，尤其是一些娱乐八卦花边新闻，越看越来劲，比如某某明星和某某离婚了，而且老婆和经纪人在一起了，这个料足够猛，于是你实时跟进事情的最新进展，还会转告身边的人，偶尔遇到和自己观点不和的，

第三章
Attention，注意力，能量的转化

还说不定会产生争执。不知不觉中，你就在这种凑热闹中浪费了大量的注意力，你以为你是在消费娱乐，实际上是娱乐在廉价地收割大部分人的注意力然后累积出售。

分众传媒就是典型的廉价收割大部分人注意力再集中出售的公司，分众传媒抓准电梯这个主流人群必经的流量入口，把人们在等电梯、乘电梯时无聊时间的注意力吸引到他们的电梯电视或者电梯海报上来，电梯电视主要安放在电梯口，滚动循环播出，覆盖超过 90% 的中高端办公楼，日均触达 5 亿人次城市主流人群，覆盖 70%~80% 都市消费力，今天 4 亿城市人口，每天 2 亿看分众。然后分众传媒把廉价甚至免费搜集起来的注意力集中卖给那些广告主，分众传媒现在已经是一家成功的上市公司。所以，如果你不珍惜自己的注意力，你的注意力就会被别人无情地掠夺然后集中出售。

第二个浪费注意力的大坑是心急火燎地随大流。这个也很常见，尤其是在互联网行业，每隔一段时间就会有一个新的名词出来，从 2015 年的 "O2O"，到 2016 年的 "P2P"，再到 2017 年的 "共享经济" "人工智能"，每个概念兴起的时候，都会给人一种感觉，这个就是未来的趋势，然后

有大量的创业者疯狂涌入，待潮水退去，才发现自己在裸泳。再比如，在内容输出这方面，先是博客，然后是微博，接着是公众号，现在又有了饭团，我身边就有很多朋友，不断地跟随这些平台，本想收割下别人的关注，由于没有产品，反而成了那些有产品的人的收割机，与其心急火燎地随大流，不如专心打磨自己的产品，等有了产品，即便又换了平台，也一定能够收获，那时候你就可以收割那些随大流的人的注意力了。

  第三个浪费注意力的大坑是操碎了别人的心肝。很多人把注意力放在了别人身上，一心想改变别人。这个坑我过去跳得最多，由于好为人师的本性，每次看到身边的人做事的方式"不恰当"的时候总想给点建议，遇到虚心接受的倒也蛮好，但通常情况人们是不愿意听别人的建议的。我自己却还不自知，要是因为观点不同再发生点争执，那就更是划不来了。比如当你给朋友提建议说尽量别看娱乐圈新闻，他们是在售卖我们的注意力，你出于好意帮助对方，对方却很有可能完全不理解你的观点，还会反驳你说："干嘛活得那么无趣，人活着就是为了开心嘛"，你就会无言以对。所以，也没必要为了操碎别人的心肝而浪费自己宝贵的注意力。

  注意力如此珍贵，事实却是我们时常掉进一个个大坑

第三章
Attention，注意力，能量的转化

却不自知，我们的注意力真的很少，一天下来，能够集中起来有产出的注意力，弄不好只有三四个小时，然后我们还把这仅有的一点注意力用在凑热闹、随大流、操碎别人的心肝上，的确十分可惜。那我们应该把注意力放在哪些方面呢？

我们应该把注意力放在我们的影响圈，而不是我们的关注圈。影响圈就是那些我们掌控的事情，比如个人成长、提升工作效率的方法等，关注圈就是那些我们只能看看，无法改变的事情。比如航班晚点，这件事是你无法掌控的，不会因为你的抱怨和发脾气而改变，反而会让自己的情绪更糟糕。如果把注意力放在影响圈，航班晚点我们虽然影响不了，但是我们可以找个安静的地方看书，或者买一份微信小程序里面的延误险，每延误半小时赔偿10元钱，这时候整个状态就不一样了，你甚至会爱上飞机延误。当你把注意力持续地放在你的影响圈，你就会变得越来越积极主动。

注意力如此重要,以及知道了常见的浪费注意力的情况和把注意力应该投入哪里之后,我们该怎么提升自己注意力?要想提升自己注意力的使用效率,首先就得清楚地知道目前的注意力是怎么分配的,接下来我们就介绍一个最简单也是最实用最有效的觉察注意力的方法——注意力记账法。

第三章
Attention，注意力，能量的转化

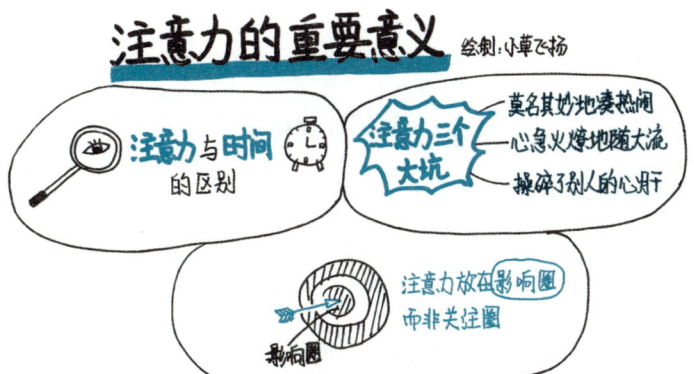

133

注意力记账法

这里,我想邀请你做一个回顾:

你昨天做的最有价值的事是什么,你为这件事分配了多少注意力?

你上周完成了几件让你觉得有成就的事件,你还记得是哪些吗?

你平时把注意力都花在了哪些事情上面呢?

对于大多数人而言,能想起昨天做的有价值的事情,至于为这件事分配了多少注意力则说不清楚。对于过去一周的成就事件,绝大部分人已经完全记不起来了,更不知道注意力用在了哪里。而针对把注意力花在了哪些事情方面,通常得到的回答是比较乐观的,比如绝大部分工作时间都在做重要的事,一小部分时间用来开会,一小部分时

第三章
Attention，注意力，能量的转化

间用来休息，而实际上，这只不过是大部分人期待的注意力的分配，而实际上现实的情况与期待的却相差甚远。那么如何才能做到觉察自己注意力的使用情况呢，让我们先了解一个人。

有这么一个人，别说上周的事情，就是去年的事情他都能清晰地告诉你。至于他的身份，一些人认为他是生物学家，另一些人说他是搞科学史的，也有人认为他是昆虫学家，还有人说他是搞哲学的……他生前发表了70来部学术著作，涵盖生物分类学、昆虫学、离散分析、科学史、进化论、无神论者等，此外，他还写过回忆录，追忆许多科学家，谈到他一生的各个阶段以及彼尔姆大学……

看完他的经历，你一定会觉得他好牛，同时会推测这样的一个人生活会好无趣，应该是把所有的时间全部用来工作了，完全就是一个工作狂，甚至连觉都不睡吧。事实上，他不但睡得多，不开夜车，他还经常从事体育活动，至于领略山河景色那就更别提了。他对生活的乐趣，享受生活的时间要比我们多得多。这个人就是《奇特的一生》的主人公——柳比歇夫。

柳比歇夫到底是用什么样的方法，可以做到如此高

效？答案非常简单，就是注意力记账法。1916年，柳比歇夫开始记录注意力开销日志。注意力开销日记的格式是"日期+事件+花费时间"，每天记录5~7行。柳比歇夫根据注意力开销日记，每个月做月度总结，并在年底做年度总结。任何活动——休息、看报、散步，他都记下时间，多少小时多少分钟。比如：

乌里扬诺夫斯克。

1964年4月7日。

分类昆虫学（画两张无名袋蛾的图）——3小时15分。

鉴定袋蛾——20分。

附加工作：给斯拉瓦写信——2小时45分。

社会工作：植物保护小组开会——2小时25分。

休息：给伊戈尔写信——10分；

《乌里扬诺夫斯克真理报》——10分；

列夫·托尔斯泰的《塞瓦斯托波尔故事》——1小时25分。

基本工作合计——6小时20分。

柳比歇夫就是用这么看似非常简单的记账方式，使他每天的有效注意力达到正常人的2~3倍。通过注意力开销

第三章
Attention，注意力，能量的转化

统计，柳比歇夫拥有了强大的时间感知，即便不看手表，也能准确地知道用了多少时间。在书中，有这么一段话，让我觉得非常不可思议：

柳比歇夫肯定形成了一种特殊的时间感。在我们机体深处滴答滴答走着的生物表，在他身上已成为一种感觉兼知觉器官。我做出这样推断的根据是：我同他见过两次面，在他日记中都有记载，时间记得十分准确——"1 小时 35 分钟""1 小时 50 分钟"；然而当时他没有看表。我同他一起散步，不慌不忙，我陪着他；他借助于一种内在的注意力，感觉得到时针在表面上移动——对他来说，时间的急流是看得见摸得着的，他仿佛置身于这一急流之中，觉得出来光阴在冷冰冰地流逝。

柳比歇夫运用注意力记账法帮助他每天都提升了注意力的时长，从而获得非常多的学术成就。无独有偶，李笑来老师在他的《把时间当做朋友》一书中也提到，他也是一个通过记录发生了什么来提升注意力的坚定践行者。他说："至今，我还保留着这样的习惯，并因此受益无穷。事实上，只不过每天花费 10 分钟左右。后来，为了进一步节省时间，我干脆把这个本子穿了根绳子挂在了家里洗手

间马桶面对的那面墙上，每天晚上睡觉前坐在马桶上，顺手就写完了。这样简单的日志是有巨大好处的。每年下来，都知道自己去年做了些什么，仅仅这一点就非常宝贵了。到了30岁之后，才觉得自己做的真正有意义的事情慢慢多了起来。"

当我看到他们用这种记账的方式都帮助自己提升了自己的注意力时长的效果之后，我也开始记录自己的注意力记账开销。刚开始我决定效仿柳比歇夫和李笑来的做法，基于"事件－时间"的统计方式，"事件－时间"的统计方式。就是先记录某件事，然后把这件事用了多少时间标注在后面。如李笑来老师的做法：

（1）上午去健身房。8点30分从家出发，10点15分离开。花费时间105分钟。

（2）中午与朋友吃饭。12点到餐馆，13点45分离开。花费105分钟。

（3）下午写了一篇文章。15点左右的时候开始写，到18点左右的时候写完。差不多花费了180分钟。

在实际执行过程中，尤其是对于职场人士而言，能够专注地做一件事而不被打扰是比较难的，就是在工作中，

第三章
Attention，注意力，能量的转化

刚开始的时候，很难一次性把一件事做完然后开始做另一件事，通常是一次事情做了一部分然后去开个会或者做其他事情，再做之前的事情，这样，在统计一件事情的时候，就不太容易统计得全面。于是我做了一个变通，基于"时间－事件"的统计方式。就是把自己从起床到睡觉的这段时间，按照每 30 分钟做一个单位，然后每隔 30 分钟填一下自己上个 30 分钟做了什么，这个方法对于觉察自己的注意力花在了哪里非常有帮助，下表是我和我的目标践行小组成员在记录注意力开销时所使用的表格，可作为早期进行注意力统计的参考表格，后面熟练后可以基于自己的情况绘制一个属于自己的记录表格。

注意力花费统计							
姓名							
日期	年		月	日 至	年	月	日
时段	星期一	星期二	星期三	星期四	星期五	星期六	星期日
6:30							
7:00							
7:30							
8:00							
8:30							
9:00							
9:30							
10:00							
10:30							
11:00							
11:30							

续表

注意力花费统计

姓名							
日期	年	月	日 至	年	月	日	
时段	星期一	星期二	星期三	星期四	星期五	星期六	星期日
12:00							
12:30							
13:00							
13:30							
14:00							
14:30							
15:00							
15:30							
16:00							
16:30							
17:00							
17:30							
18:00							
18:30							
19:00							
19:30							
20:00							
20:30							
21:00							
21:30							
22:00							
22:30							
自我评价							

在记录的过程中，一定要确保及时性和真实性。比如你是按照半个小时的频次进行记录，就不要过了两三个小时再回来补，用回忆的方式记录，要么是会漏掉做的一些

第三章
Attention,注意力,能量的转化

事情,要么就是做一件事的时间花费记录不准确,这样就不利于后面做精确的复盘分析。同时记录的时候一定要真实,做什么就写什么,如果你觉得有时候做的事情比较私密,不方便给别人看到,那么你可以把记录的这个纸不对外,只用来给自己看,因为只有真实的记录,你才会知道自己以前的注意力都花在了哪些事情上面,才会有更深刻的感知和觉察。

当你完成第一天记录之后,在睡觉之前花 2 分钟做个快速浏览,看一遍今天的注意力开销情况,可能你会非常惊讶,自己怎么浪费了那么多注意力在一些琐事或者完全无用的事情上啊。这时候也不要灰心,大部分人刚开始的情况都和你差不多,你需要的只是客观地保持记录就好。当你记录一周之后,这时候做一个统计和分析,统计同类的项目用了多少时间,比如工作用了多久,休息用了多久,娱乐用了多久等,看看这个结果是不是自己期望的,如果在自己的满意范围内,就继续保持,如果远远不满足自己的预期,那就要及时作出调整并在下一周改善。按照这样的方法,通常在 4 周左右,相信你对自己当下正在做的事就有了非常强的觉察能力了。当你在刷娱乐新闻的时候,你知道此刻在刷新闻;当你打游戏的时候,你也知道此刻在打游戏。有了觉察,就能够按照自己期待的方式生活和

做出相应的改变了。

如果你已经逐渐习惯了"时间 - 事件"的记账方式，这个时候就要逐渐往"事件 - 时间"的方式去转换，基于事件的方式会比前面所使用的方式更加容易让人专注，也更加高效。刚开始转换的时候，可以在周末时间，相对于工作时间，对周末的安排，你的掌控感更强，然后逐渐把这种思维和方式，过渡到工作时间，逐渐地，你会发现每天好像做的事情更少了，但是总结回顾的时候成果却更多了。这就是注意力记账法的魅力所在。当然如果想实现更加高效能的工作，还会有提升专注的技巧，我们在下一节详细介绍。

第三章
Attention，注意力，能量的转化

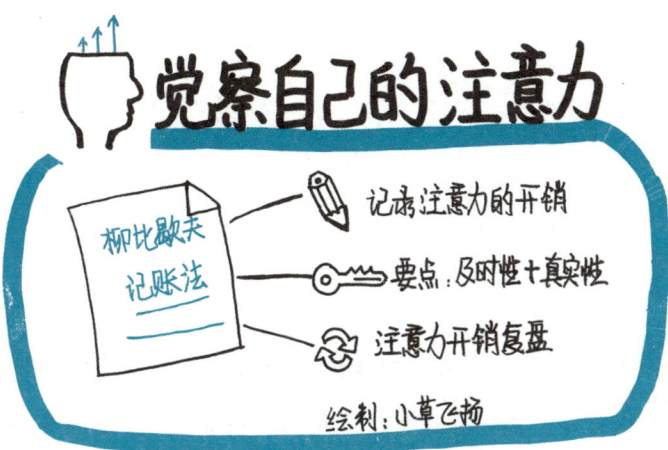

143

专注工作的 3D 准则

有一年比尔·盖茨的父亲邀请股神巴菲特去参加他们的家庭活动，其中有一个环节是巴菲特和比尔·盖茨会谈，比尔·盖茨的父亲让他们每人分别在一张纸上写下对他们帮助最大的一个词，比尔和巴菲特不约而同地给出了共同的答案"Focus"，也就是专注。巴菲特说，专注已经是他人格中最为强大的一部分。

尽管比尔·盖茨和巴菲特从事着完全不同的工作，但专注是帮助他们有所成就的共同特质之一。对我们职场人士而言，实现目标的要诀依然是专注，觉察自己注意力的开销的目的也是提升专注的手段和方法，每天每时每刻决定从何处以及如何配置自己的注意力，无疑是通往成功的重要路径。

在专注工作方面，我非常推荐专注的 3D 准则，这是

第三章
Attention，注意力，能量的转化

一种理念，也是一种方法。3D 即：跳过（Delete）、授权（Delegate）和执行（Do），在做一个任务前，要先对项目进行分析，如果一个步骤无关紧要，则完全可以跳过；如果可以委托他人完成，就要大胆进行授权；除此之外，自己要用心去做，专心去做擅长和重要的事情。

Delete，敢于说"不"，删除那些对你不重要不紧急的事

"小张，麻烦帮我确认一下合同有问题没，我马上发给客户。"

"小张，今天下午有个会，我参加不了，你能代替我去参加一下吗？"

"小张，打印机就在你旁边，麻烦帮忙拿一下我打印的资料……"

类似的场景，是不是很熟悉？你有多少次不假思索地答应别人的请求？你有多少次恨自己答应去做什么事，事后却疑惑不解地自问"我为什么要揽下这件事？"你是否经常为了取悦别人或者避免麻烦而点头答应？

不懂拒绝的人，通常把拒绝别人的请求等同于伤害或

影响与别人之间的关系，他们认为，拒绝意味着伤害对方，对方会不满，而对方不满意味着不被对方接受和认可，而不被对方认可证明自己做人比较失败。其实这个循环就是一个害怕失败的人，通过一系列的举措，想要来证明自己不失败，却因为习惯性取悦别人，毫无原则，更容易被人们漠视和看不起，更重要的是，为了完成别人的事，却没有时间做自己的事，结果是活得更加失败了。

那么，该如何优雅地对别人说"不"呢？

第一，把拒绝请求和拒绝人区分开来。首先在思维上要明确你只是拒绝他的请求，并不是拒绝这个人本身，礼貌地回绝对方的请求，不仅不会伤害对方，而且会赢得对方的尊重，对方会认为你是个有原则的人。

第二，拒绝拖泥带水。人们往往由于不好意思直接拒绝别人，就会给出一个模棱两可的回答，这样的回答看似不会伤害关系，其实对双方都是一种伤害，对于提出请求的人，他很有可能觉得你是答应他了，所以他也就没找别人了，对于想拒绝却没有拒绝的人，会一直把这件事放在心里，反复纠结要不要拒绝，可谓一种折磨。如果这件事和自己的目标不一致或者觉得浪费自己的时间，就直接拒绝，这样既能让自己专注做事，也方便对方找其他人，要知道，绝大多数情况，你并不是对方的唯一选择，你只是

第三章
Attention，注意力，能量的转化

对方的选择之一，千万别把自己当成唯一。

第三，给对方提供替代方案。如果觉得直接拒绝过于直接，可以在拒绝的同时给对方提供一种替代方案。比如"非常抱歉，这次的活动时间冲突了，我参加不了，你可以问问小王，或许他有时间和兴趣"。这样既帮助了对方，又让自己能够轻松地专注做自己的事，也是不错的办法。

当然也并不是让你针对同事提出的任何请求都说"不"，否则矫枉过正了。说"不"的意义在于要有目的地、深思熟虑地、战略性地淘汰那些不重要的事情，只做那些自己认为重要的事。

同时，说"不"也不单指对别人，对自己更为适用。通常情况下，有些事情是完全没必要做的，比如获取不相关的信息、低效地处理文书工作、在邮件上花费过多的时间以及参加毫无价值或不必要的会议等。我们不仅要摆脱那些明显浪费时间的事情，还包括放弃一些很好的机会，工作中会偶尔有一些新的项目，你很想做，但手头上也有其他很有价值的事要做，你知道即便接过这个项目也不会投入太多，那么就要勇于对自己说"不"，想想是现在拒绝的失望指数高，还是接下项目但草草收工弄得自己和领导都不满意的失望指数高？得失得失，有失才有得，不要疲于应付那些让你在多条战线上作战的社会压力，要学会

减少、简化,并通过淘汰其余一切来聚焦于绝对重要的事。把你所有的注意力充分聚焦,点燃那根最重要的火柴。

Delegate,充分授权,把紧急不重要和部分紧急重要的事交给别人完成

前一段时间,有位朋友和我一起吃饭聊天的时候,说自己刚升职,本来是好事,可是太忙太累了,都快吐了。于是有了下面的对话。

我:"你现在带几个人?"

他:"3个。"

我:"你是亲力亲为的多还是授权的多?"

他:"我想授权,但下面的人做不好,每次他们做完都要我来改,反而浪费时间,还不如自己做来得快。"

我:"知道诸葛亮怎么死的吗?"

他:"鞠躬尽瘁而死的。"

我:"直白地说就是累死的。他自己太厉害了,凡事都亲力亲为,没下属帮他分担重责,你说他能不累不忙吗?"

他:"这道理我也懂,那应该怎么做呢?"

于是我把教练中非常经典的 GROW 模型在授权中如何

第三章
Attention，注意力，能量的转化

使用的方法，向他做了介绍。

第一步，Goal，明确目标。依据预期要取得的结果，规定任务和授权。即一定要让被授权者明确知道要做成什么样，避免他做出的成果和你预期的不一致。对于目标的一致性确认，花多少时间沟通都不过分，因为通常情况往往是被授权者提交的成果并不是授权者需要的，为了在刚开始的时候避免歧义，这个时候一定要被授权者用自己的话复述授权者想要实现的目标，而不仅仅是被授权者说"听明白了"就以为他真的明白了，如果被授权者能够用自己的话完整地表达出授权者的意图，基本可以判定他是了解要做成什么样子了。

第二步，Reality，分析现状。在明确了目标之后，授权者要和被授权者共同分析当下的现状，最好由被授权者自己来思考，由授权者确认和补充，基于当前的现状和条件，需要什么资源和协助，提前进行明确。

第三步，Options，有哪些选择。在分析了现状之后，应该会有多个可以达成目标的方案和方法，在多个方案中，进行优劣势分析，选出最优的方案来执行。

第四步，Will do，下一步怎么做。分析完方案后，授权者和被授权者共同明确怎么做，先做什么，再做什么，最后做什么，当被授权者明确怎么做的时候，基本上就不

太可能跑偏了。这个时候授权者只需要定期主动寻求反馈，就可以了解整个项目是否按照自己的预期在进行了。

通常在刚刚授权的时候，的确是会出现下属做的没有自己做的好的情况，这也是很多一线经理即便自己非常忙也不愿授权的原因，一线经理人在升迁过程中，被提升的原因往往是因为自己的工作做得不错，几乎没有人是因为工作一般，但却善于管理人而被提升的。在这样的提拔指导思想下，往往工作做得出色的人就都被提升了，提升后，由于惯性作用，还是习惯于把工作做得比别人更好，久而久之，对别人所做的工作不是不信任就是根本看不上。这样，造成很多企业经理人一直在做着他擅长做的事，而不是他应该做的事。

所以，作为经理人，一定要完成职能和工作方式的转变，事必躬亲的领导未必是好领导，诸葛亮式的领导在公司早期的时候是非常重要的，但是在公司发展的阶段就会在某种程度上制约公司的发展，不但管理者本人累死累活，而且下属得不到锻炼和成长。善用授权，可以帮助管理者更专注于自己的目标，是高效能工作的重要技能。

以上我是用中层管理者的例子表达授权的意义，那是不是说对于普通员工就没有授权对象呢？不是的，授权的理念适用于每个人，更确切地说授权与职位无关，而是一种思维。比如你要寄给客户一个信件，按照岗位职责，这件事直接交给行政助理做就好了，这时候你就没必要亲自给快递打电话填写单号等，助理做得会比你好而且完成质量更高。把对你而言紧急不重要的事，交给对于他人而言是重要的事，这就是授权的体现。所以，工作中，对于那些能授权给别人的事尽量授权，这样才能解放自己的生产力，实现个人效能最大化的同时，也实现组织的效能最大化。

Do，全力以赴执行重要不紧急和部分重要紧急的事情

执行那些重要不紧急的事，是个人高效产出的基础。再伟大的目标如果不执行，也是不可能达成的，那么我们该如何高效地执行自己制订好的目标呢？

高效能的工作方法离不开大脑的工作原理。特奥·康普诺利教授告诉我们，人的大脑拥有三套负责认知和决策的脑系统，分别是反射脑、思考脑和存储脑。

反射脑快而原始，它自发而无意识地处理问题，只管此时此刻。反射脑可以同时处理很多事情，比如你可以同一时间既饿又困又冷，这都是反射脑的工作体现。

思考脑慢而成熟，负责抽象思考，我们所有的思考过程都由思考脑完成，它会消耗大量能量，而且很容易疲劳。

思考脑的主要特点是一次处理一件事情，比如你很难在听音频的同时专注看一本书。

除了反射脑和思考脑，我们还有时刻等待空闲的存储脑，它刚好和反射脑、思考脑互补，反射脑和思考脑都是在我们清醒的时候工作的，而存储脑恰恰是在我们休息的时候工作，有点类似于图书馆的图书管理员，在读者看完书之后对图书进行分类和整理归位，思考脑主要负责存储信息和激发创意。

思考脑作为我们大脑里最具特色的部分，发挥着重要的作用。思考脑能够考虑长期远景，制订远期目标并提前做出预判，这是人类独有的能力，其他任何动物都无法做到。但有一个惊人的真相——思考脑无法同时处理多个任务，即一次只能做一件事。例如在开会的时候写邮件，你实际上是在两个任务之间不断地来回切换。专注于听会议内容的时候，你就很难写邮件，有时候还会把会议的内容一不小心写到了邮件中。而在专注写邮件的时候，会议在说什么就很难记得住，一旦有人要求你对刚刚的话题发表观点，这时候很容易一脸茫然，刚刚你们说了什么？因为思考脑无法同时做两件事，而如果你试图串行处理多个任务，那实际上是你一直在多个任务之间来回切换。唯一可行的多任务并行就是特定任务上和反射脑配合，由反射脑下意识地、习惯性地做某件事。心不在焉时做的工作，并不会存在记忆，只会消耗时间和能量。

多任务并行会对我们的智力产生巨大的负面影响，比如：

（1）由于其他任务的干扰，每个任务所需的总时间都会变长，因为每一次切换，你之前的工作记忆都会被清空，所以每次在重新进入的时候，都要花时间去适应，这个时间累计起来是非常庞大的。比如你正在调试一台显微镜的对焦点，这时候被打断去做另外一件事，当你做完回过来再调试显微镜的时候，你相当于从头重新调试，多次调试累计加起来的时间肯定比一次性专注地调试好要更多。

（2）它会带来许多愚蠢的错误，与一次性做好相比，纠正错误花费的时间更多。比如，开会写邮件，然后把会议内容写到邮件里，你要重写，这样返工所用的时间反而比分开做要多，因此，多任务并行你会损失更多的时间。

（3）它会让我们无法进行深入阅读和真正对话，与其他人相处的时候，多任务并行会降低聆听和交流的质量，而且很不礼貌。

我们可以用例子再次诠释一下，假如你正在思考一件事情，刚思考一半，这时候电脑突然弹出个新闻，标题为"一男子潜入女生家里竟然看见了TA"，于是在好奇心的驱使下，你打开链接，看完新闻，这时候你突然想起刚刚思考的事情，你是不是会有一个刚刚思考到哪里了的想法？于是又把刚才的思考过程重新推演一遍，而这部分的切换时间恰恰是被浪费掉了。可以再举个职场中经常出现的场景，你正在和你的同事就某件事聊天，这时候来了一个不速之客，打断你们俩的对话，等他走了，你俩重新开始话题的时候，会不会有一种"刚刚我们说到哪里了"的情形？于是开始回忆，快的需要几十秒、一分钟，慢的可能干脆想不起来，于是从另一个地方开始了话题。这些都是多任务并行所带来的不良影响，只是我们平时没有觉察到而已。

　　结合我们大脑的特点和工作原理，我们在做事的时候，应该尽量避免多任务并行处理，那么我们应该怎样合理地安排任务呢？可以从两方面着手，第一，学会离线思考。第二，学会批量处理。具体包括：

（1）一次只做一个任务，或者相对完整的一部分。
（2）把同类的，具体关联的任务归类为同一批次。
（3）在手机日历上标注批次处理的时间。
（4）基于"事件－时间"的方式安排自己的工作。
（5）为自己营造一个免受打扰的工作环境。

第三章
Attention，注意力，能量的转化

同时，为了更好地让自己保持专注，我们还可以借助一些工具。在工具方面，我平时用得比较多的是番茄工作法。关于番茄工作法的详细使用，将在下一节进行介绍。

以上便是专注工作的 3D 法则，对于那些不重要不紧急的事情，直接 Delete，对于紧急不重要和部分紧急重要的事情，尽量 Delegate 给别人执行，而对于那种重要不紧急的事（圆方规划图中的目标都属于此类），应该坚定地 Do。Delete 和 Delegate 都是为了更加专注地 Do，如何能够在做事的时候持续专注，有哪些技巧呢？在下一节我们一起聊一聊提升专注度的那些技巧。

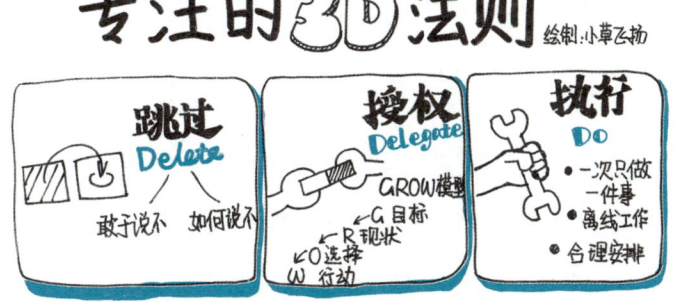

保持持续专注的技巧

前面我们已经认识到了专注的必要性,以及专注的理念和方法,那么落实到我们每一天的工作和生活,具体应该怎么做呢?接下来我介绍几个可以帮助你提升专注能力的小技巧,即学即用。

永远将手机设置为静音或者振动模式

在工作中,常常出现这样的情况,同事们正在专心地工作,这时候不知道谁的手机来了电话,电话铃声越来越大,瞬间吸引了同事们的注意力。通常手机铃声都是手机的默认声音,于是有的开始找自己的手机,以为是自己的电话,有的已经明确知道不是自己的手机,这时候就开始确认是谁的手机,在确认清楚后,于是大吼一声"小王,你的电话",当小王接听电话之后,各自又回到原来的工作中。或许你

第三章
Attention，注意力，能量的转化

对这样的场景已经习以为常了，但实际情况是，在刚刚短短的 1 分钟左右时间，你和你的同事的注意力就这样被铃声所干扰，当你们重新回到原来的工作中的时候，需要一定的恢复时间来重新进入刚刚的工作状态。这在无形中浪费了大家大量的注意力。所以如果你的工作不是那种不能错过任何电话类型的，请把你的手机设置为静音或者振动模式，如果同事们都觉得这个有必要，可以把工作时间手机设置为静音或者振动模式，作为一个规定或者形成一种文化氛围。

关掉手机上绝大部分 APP 主动推动消息的功能

我们在安装一个手机 APP 的时候，在安装完成之后，都会有两个请求，一个是是否允许 APP 调用手机的定位功能，一个是是否允许 APP 主动发送通知消息，通常情况，人们都会把两个请求全选择"是"。于是手机就变成了一个不定时的炸弹，时不时就被某种 APP 推动的消息"Duang"地轰炸一下，然后你打开手机看一眼是什么内容，过了一段时间，又被另一个 APP 推送的消息"Duang"地轰炸一次。于是你专注的工作就被这些推送消息一次又一次地打断，实际上这些信息对你可能没那么重要，但我们却毫无察觉地就这样被这种消息浪费了大量的注意力，这永远是个得不偿失的做法。那么怎么把安装好的APP设置为非消息提醒呢，以苹果手机为例具体操作如下：找到手机的"设置"，在"设置"中找到"通知"，这时候就会显示出你的手机里面已经安装的各个软件，如下左图，然后点击你想要关闭的那一个，比如关闭"APP store"的提醒，点进去，把"允许通知"按钮关闭即可（如下右图），这样，这个软件以后就再也不会给你推送任何消息了，你从此就再也不会冷不防被一些通知消息影响了。

第三章
Attention，注意力，能量的转化

关掉微信朋友圈功能或者关闭朋友圈的新消息提醒

不知道你是否有这样的情况，想用手机找个资料或者打一个电话，然后不自觉地就会打开微信，看下有没有新消息，这时候看到朋友圈有一个红点，你知道又有朋友发新的动态了，于是你打开朋友圈刷了起来，这时候很有可能有一篇文章你比较感兴趣，便读了起来，不知不觉忘了刚刚打开手机是为了什么。如果你觉得这个和你太像了，那么你的注意力就很容易被这类事情干扰，虽然每次或许只消耗 3~5 分钟，但一天下来，无形之中就浪费了大量的时间和注意力。所以，如果你能够把朋友圈的功能关闭最好。我以前也是经常刷朋友圈的"重度患者"，现在已经连续关闭 3 个月了，生活反而更加从容了，也没错过任何重大的事情，如果想看谁的朋友圈，就直接进入到那个人的朋友圈把所有的都看一遍，平时再也不会被朋友圈分散注意力了。关闭朋友圈的操作步骤为：打开微信，在右下角找到"我"，然后打开"设置"，在设置中找到"隐私"，就是下图出现的界面，在"开启朋友圈入口"的后面把按钮关闭即可，这样就成功地把朋友圈功能关闭了。关闭朋友圈并不会删除你之前发的内容，什么时候你重新开启了，之前的内容全部都在，如果你想让工作更加专注，你可以尝试关闭几天，体验一下生活有没有因此而改变。

如果关闭朋友圈功能对你的确有点难，那么你可以先把朋友圈的新消息提示关掉，这样有新状态更新时，就不会在"发现"的地方出现小红点了。当你想看的时候你可以主动点开，这样即便是刷朋友圈，也是你主动的行为，而不是被动地被一些消息牵引过去。关闭朋友圈提醒的具体操作只需要在关闭朋友圈的基础上增加一步，在"朋友圈更新提醒"的后面，把按钮关闭即可。如下图：

第三章
Attention，注意力，能量的转化

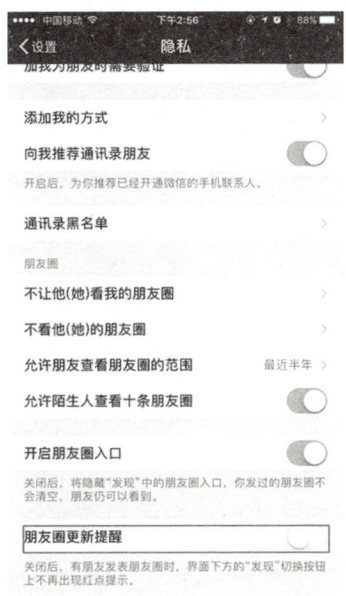

善于使用番茄工作法

番茄工作法是弗朗西斯科·西里洛于 1992 年创立的，是非常经典的保持专注的方法，有一本书叫《番茄工作法图解》，专门介绍如何使用番茄工作钟来让自己保持专注。当然你不看这本书也没关系，因为番茄工作法非常简单，你只需要找一个计时软件，设定 25 分钟，简称一个番茄钟时间，然后在这个时间就专注地做一件事，等时间到了以后,休息5分钟,然后开启下一个番茄钟并继续专注。4个番茄钟之后,进行一个长休息,持续15~20分钟。通过这样的方法,可以提升我们的专注力和效率。番茄工作法,既是一种工具,也是一种管理注意力的理念,刚开始的时候,可以严格地遵守,养成习惯以后,就可以灵活地应用,比如你的番茄钟可以不必设置为25分钟,也可以是20分钟或者是50分钟,当你真正熟练应用以后,甚至不用配合任何软件都会把番茄工作法的理念融于自己的生活和工作中。对于刚开始使用的朋友,我推荐一款我常用的软件,叫"forest",这是一款集成就感和罪恶感于一体的软件,成就感是因为每当你执行一个番茄钟都会成功种植一棵树,看着一棵棵长大的树会很有成就感。罪恶感是因为一旦在设定的番茄钟时间内打开手机让番茄钟中断,这个正在成长的小树苗就会死掉,让你充满罪恶感,我觉得这款软件的特色恰恰是加入了罪恶感这部分,以前我也用过其他的软件,中途取消觉得没什么,但自从用了forest,基本没中途取消过,即便十分忍不住想玩手机,也会忍到小树苗长大。

  以上就是一些可以帮助我们避免打扰、提升工作专注度的技巧,从现在开始就可以应用在你每天的生活中了。

  当然,即便我们可以通过各种办法提升我们的专注度,还是会不可避免地在我们的日常生活中存在大量的碎片化时

第三章
Attention，注意力，能量的转化

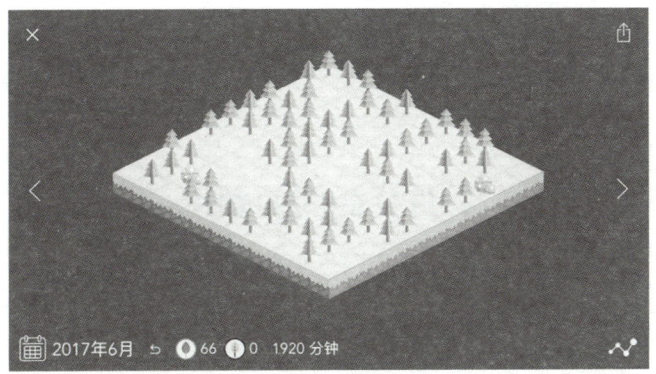

间，那么如何提升我们碎片化时间的使用效率呢？我们在下一节聊聊碎片化时间的使用。

保持专注的技巧

 手机静音　　 关掉微信朋友圈

 关掉手机App消息提醒　　 番茄工作法 用forest

碎片化时间的利用

∽

所谓的碎片时间，是指日常工作学习之余闲散的、零碎的时间，这些时间不是很长，如等车、排队、等人等情况所用的时间。碎片时间，其相对概念就是整块时间，碎片时间是那些容易忽略的时间、不注意使用就会流失掉的时间，有效地利用碎片时间，有利于我们高效地工作和生活。

碎片化时间，可以大体上分为两种：一种是客观存在的碎片时间，如上下班时间，等电梯、排队时间等；还有一种是被碎片化的时间，明明可以是整块时间，但是却因为被干扰、自控力差等原因人为地把时间碎片化了，针对后者，更多的是如何专注的话题，我们前面的几节已经讨论过，这一节，我们主要谈的是客观上存在的碎片时间的利用。

常见的适合碎片化时间做的事情有：

第三章
Attention，注意力，能量的转化

听音频

现在高质量的音频内容非常多，比如得到 APP 的每天听本书、喜马拉雅的订阅、樊登读书会、千聊课程等，可以付费购买自己感兴趣的高质量音频内容，在上下班的时候可以边走路边听，可以在拥挤的公交或地铁上听。对于听觉型的人，从音频中能够直接收获自己想要的信息，对于视觉型的人，直接记住音频的内容比较难，可以把听音频作为自己筛选内容的方式，比如听到一本内容还不错的书，可以买一本纸质版，然后再花整块的时间阅读。

阅读

如果你平时坐地铁比较多，那么我强烈推荐你买一个 kindle 或者背包里随时带一本书，在地铁上的时间太适合看书了，只要不是人挤人，都是可以看书的。我本人每天上下班在地铁上大约要 1 个小时，如果白天去拜访客户，那么一天在地铁上的时间大概就要 2 个小时或者更多，这部分的时间足以让我在 2 天时间看一本书了。由于我是做销售的，通常情况下，到了客户的公司，明明约的是 2 点见面，被推迟是常有的事，如果在这个等人的时间用来玩

手机、看新闻就白白浪费掉了。通常情况，我都会把这部分的时间用来阅读比较轻松的书籍。所以我一年阅读150本书到200本书是没什么问题的。这也是碎片化时间的惊人效用。

刷公众号文章

比如中午排队用餐、等电梯、上厕所这样的时间说长不长说短不短，通常比较适合刷公众号文章。"刷"更多的是筛选的意思，就是利用这样的时间，快速浏览大部分的文章，然后把对自己有用的文章收藏起来，再用整块的时间对这些文章进行深度阅读和思考，对于精华文章可以直接保存到自己的云笔记中，便于后续直接搜索使用。我个人不太推荐看到不错的文章就立即阅读，碎片阅读是为系统阅读服务的，先搜集，再集中阅读，更有利于形成自己的知识体系。

放松和休息

利用碎片化时间并不是说一定要学习学习再学习，那样也会很累的，能够利用碎片时间放松和休息也是不错的

第三章
Attention，注意力，能量的转化

选择，也是恢复精力重要的一部分。比如在地铁上闭目养神、深呼吸，比如在路上听听音乐，包括和老朋友通个电话也是不错的选择。尽量避免没事做还要在那里一个劲地刷手机的做法，既没有把宝贵的注意力使用起来也没能让大脑得到充分的休息，是一种得不偿失的做法。

以上是我常用的碎片化时间的利用方式，不一定适合每一个人，最好每个人都有自己的碎片化时间利用方式，同时建立一些触发条件，比如"if 做地铁时间超过 10 分钟，then 拿出书籍阅读""if 排队，then 阅读得到订阅专栏"，当你的行为习惯建立起一个个"if……then……" 触发条件的时候，碎片化时间的利用就会养成习惯了。

最后，还是要再次强调一下，碎片化是为系统化服务的，没有系统化思考总结的提炼，学得再多也很难形成自己的知识体系，碎片化更多的是为系统化的补充。比如我们可以在碎片化时间看很多文章，每篇文章或许都能给我们启发，很有可能你还会评论并且发到朋友圈。有收获固然是非常棒的，但是如果不经过系统化的归纳总结，可能过几天对自己看过的内容就忘记了。这也是为什么我比较赞成先收藏到微信收藏夹或者云笔记，等有整块时间的时候批量处理的原因。另外，虽然我的阅读大部分时候是在地铁上完成的，但是对书籍的加工和整理，基本上是用整

块时间来做的。提炼关键内容，与之前的内容发生关联，这样慢慢地就形成了自己的理论模型了，是真正把知识吸收了，后期再配合一些行动，就能把知识内化为自己的了。

以上就是注意力的管理和使用，注意力让我们的能量聚焦，是实现一切目标的大前提。当我们能够把注意力集中起来，这时候再配合精力的供给，效能就会非常明显地提升。

Chapter 4

●●●●● 第四章

Target，目标，能量的积累

第四章
Target，目标，能量的积累

目标的重要性

1970 年，美国哈佛大学对当年毕业学生进行了一次关于人生目标的调查：27% 的人，没有目标；60% 的人，目标模糊；10% 的人，有清晰但比较短期的目标；3% 的人，有清晰而长远的目标。1995 年，哈佛大学再次对这批学生进行了跟踪调查，结果是这样的：3% 的人，25 年间他们朝着一个既定的方向不懈努力，现在几乎都成为社会各界的成功人士，其中不乏行业领袖、社会精英；10% 的人，他们的短期目标不断实现，成为各个行业、各个领域中的专业人士，大都生活在社会的中上层；60% 的人，他们安稳地生活与工作，但都没什么特别突出的成绩，他们几乎都生活在社会的中下层；剩下 27% 的人，他们的生活没有目标，过得很不如意，并且常常在抱怨他人、抱怨社会、抱怨这个"不肯给他们机会"的世界。

关于这项调查数据的可靠性，我持一定的保留态度，但是有一点是可以肯定的，那些目标明确的人，在大概率上要比那些没有目标的人更能获得成就，获得满足。

冯仑写过的一篇文章《人生最大的恐惧，是没有方向》，说的是有一次，他和王石一起从西安开车到新疆乌鲁木齐。行驶到戈壁滩上的时候，车突然坏了。手机在那个地方没有信号，太阳又暴晒，戈壁滩上鹅卵石的温度高得几乎能把轮胎烤化。他们当时没有办法跟任何人联系，只能等。于是他们越来越恐惧，越来越焦躁，不知道该朝哪个方向努力。即便是他们这样的大人物，遇到了那样的情景也是无从选择，失去了方向。他说到底什么时候最恐惧？不是没有钱的时候，不是没有水的时候，也不是没有车的时候。最恐惧的时候，实际上是没有方向的时候。有了方向，其实所有的困难都不是困难。冯仑和王石后来在司机的指引下开始在隔壁上找车辙，有车辙的地方可能会有其他车辆经过，果然没过多久就有一辆车经过，他们就委托车主出去之后找人来帮助他们，可他们还担心那个车主会不会找人来帮助他们。幸运的是，过了几个小时，救援队就来了，他们便得救了。

职场也是一样，不管你处于职场的什么阶段，长期来看，应该明确自己的发展方向，短期应该有自己的阶段目标，

第四章
Target，目标，能量的积累

当你有了目标，就会充满希望，就会有动力，即便面对困难，也会想各种办法去解决。反之，如果没有清晰的目标，就好比漂浮在大海上的一艘小船，就会随波逐流，漂到哪里都是流浪的感觉。没有目标的人在职场中最常见的现象是要么整天都是忙忙碌碌，没有产出，没有成果，要么就是整天浑浑噩噩，度日如年。这样的状态久了，整个人都废了，最直观的表现就是，如果让他们去换一份工作，他们竟不知道自己要做什么，能做什么，当然就没办法蓄能，形成自己的优势和差异化，也就不能拥有自己的核心竞争力。而那些目标清晰的人通过实现一个个目标，提升自己的能力，进而积淀自己的能量，于是越走越高，越走越远。

寻找理想职业前的思考

我们在寻找自己的职业目标的时候应该从哪些方面思考呢？下面的几个问题，可以作为自我探寻、自我剖析的思考方向：

问题1：我为什么做现在的工作，是我想要的吗？

我有一个朋友，当年学习成绩非常优秀，考入了一个全国著名的大学，毕业后，听从父母的建议成为了一名公务员，而且年纪轻轻就成为了中层领导。在外人看来，这是非常值得羡慕的事，而他本人工作却并不开心，他不喜欢陪领导应酬，也不喜欢机关的办事效率和方式，更不喜欢台面一套背后一套的人际交往方式，进入了职业的迷茫期和倦怠期。与他交流后发现，他竟然从来没想过为什么要做现在的工作，一切都发生得那么自然，人生的每一步

第四章
Target，目标，能量的积累

都似乎被安排好了，根本不需要自己操心，可以说是在父母的期望中一步步走到了现在。

然而不管你的工作是自己主动选择的还是被父母安排的，这些都已经是既定的事实，一点也不重要。重要的是，从此时此刻，你是否愿意动用你自己主动选择的权利。积极主动是《高效能人士的习惯》中的第一个习惯，也是个人领域成功最重要的习惯，所谓的积极主动，就是一个人主动使用自我意识在任何情况下拥有更多的选择权，成为自己最期待的那个样子。假如当下的工作不是你想要的，那么你可以去也可以留，你有选择的自由。如果你选择留，并决定把当下的工作做好，这是积极主动的表现。如果你选择离开，去寻找自己想要的，这也是积极主动的表现。如果你选择留，把职责内的工作做到合格，然后其余时间做自己真正喜欢的事，这也算是一种积极的表现，很多体制内的朋友就是这么做的。但是如果你不知道去哪里或者不知道能做什么而选择留，却又在现有的工作中混日子，那这就是非常消极的表现。这是最应该避免的一种情况。

你是你人生的主人，理论上没有人可以左右你，即便有，那也是你选择让他们干预你的生活。你在哪个城市、哪个公司、做什么工作，都是你的权利和你的责任，如果你觉得你的工作是被动的，不得不做的，那么从现在开始，你首先要转变观念,从"受害者"的角色转变为"负责任者"。你可以做自己的主人,你有选择的权利,而当你在权衡利弊得失之后,即便继续选择做当下的工作,那也是你主动选择的结果,你应该为自己的人生负责了。

之前在生涯咨询的过程中,有个学建筑设计的大学生,他说他特别不喜欢画图,是为了避免挂科而不得不画,所以学习过程很痛苦,自己生活得也不开心。我就问他,如果不画图会怎样?他说会挂科,会拿不到毕业证。我说,那画图是不是你选择的?他说当然是啊否则毕业证拿不到,那大学不白上了。我问,那现在你觉得画图这件事,是你选择做的,还是不得不做的?他思考了几秒,用一种低沉的声音说,是自己选择的。我说那你现在感觉好点了没,还觉得画图是不得不做的事吗,还是那么痛苦的事吗?他说这么一想就好多了。

所以,有时候,我们是被自己的思维模式所禁锢了,换一个角度看待问题,就有很大的不同了。

第四章
Target，目标，能量的积累

问题 2：我不喜欢现在的工作怎么办？

相信绝大多数人在职场生涯中都会遇到一次或者几次这样的情况，这也是在寻找自己理想的职业前一定要面对的问题，讲一个我的故事：

大学毕业那会，觉得自己很优秀，立志要闯出一片属于自己的天地来，于是放弃软件开发的专业，决心做管理工作。

经过面试，很顺利地就获得了深圳知名企业的"品质管理"一职，尽管不知道品质管理是做什么的，但至少包含"管理"两个字，脑袋里的画面全是电视剧中的白领，身穿西裤衬衫，打着领带，在高端写字楼里面来回穿梭的画面，心想自己总算可以成为他们中的一员，甚至还可以管理他们，还有什么比这更让人幸福的呢。

然而，入职之后，才发现自己的工作场所并不是光鲜亮丽的写字楼，而是离深圳市区 50 公里远的破旧厂房，车间里连空调都没有，炎热的大夏天也只能吹风扇。身边的同事穿的也不职业，统一倒是事实，齐刷刷的工装。而自己的工作，也并不是自己所理解的管理，而是和一线生产工人整天围着生产线转来转去……

这一切都和自己的预期差距太大了,心想这哪里是施展自己抱负的舞台,实在不是自己喜欢的工作,所以入职还不到半年,就提出了离职申请。直属经理找我进行了谈话,那半小时,是影响我整个人生的半小时,具体聊了什么记不得了,有两句话却印象深刻,时至今日,依然清晰无比。他对我说:"我知道你不喜欢这份工作,那你想清楚自己喜欢什么,想要什么了吗?"听到这句话,我瞬间蒙了,我根本就没思考过这个问题,我只知道现在的工作不是我想要的,于是不想做,想跑掉,可是要做什么,我喜欢什么,完全没想过。瞬间觉得浑身冒冷汗,要是我冲动而直接走人,我去做什么?紧接着,他又说了第二句影响我一生的话,"能够把自己不喜欢的工作做好是一个人能力的体现。"当时还不太理解这句话,后来想了想,既然我现在不会离开这个公司,那我为什么不把现有的工作做好呢,与其浑浑噩噩度日如年,不如多学习些,说不定还能发现自己想要什么呢。

于是我边努力工作,边思考自己想要什么。不出半年,由于我出色的表现,我就晋升为了组长,开始管理我们同期入职的小伙伴。与此同时,我也找到了自己想挑战自我,想做销售的目标,于是,我上班的时候提升工作效率,把本职工作做好,下班和周末的时候,看有关销售的书,找有销售经验的学长交流,参加演讲会锻炼自己的表达等,

第四章
Target,目标,能量的积累

在积累了两年以后,感觉自己的能力可以胜任一份销售工作了,于是辞职转行做了销售。

这是我的经历,发现自己不喜欢做什么工作是个非常容易的事,但什么才是自己喜欢的,这个更加重要。否则只是从一个不喜欢换到了另外一个不喜欢,频繁换几次之后,不仅自信心受到打击,而且也失去了宝贵的职场积累。尤其是对企业而言,如果你是一个频繁跳槽的人,那么通常企业在录用你的时候也会大打折扣。

同时,当你说对自己当下的工作没有兴趣的时候,要思考一下是真的没有兴趣还是没有能力做好,工作当中的很多项目都是任务驱动的,不可能都是你感兴趣的事,如果你能够把自己没兴趣的事也做得比别人好,那么当你从事自己感兴趣的事情的时候一定会做得更好。但是如果是还没做好手头上的事,而去想当然认为另外一件事能做好,往往只是想当然的结果。现在很理解大学时候转专业的制度,如果你想转专业,门槛是必须在现在的专业的前几名才行,当时不理解,就是不喜欢才转专业呀,要是学得那么好就不转了。原来学校是通过这样的方式考察一个学生有没有能力。

所以,如果你还没找到自己想要什么,就干脆把自己当下的工作做到最好，能够把自己不喜欢的工作做好是一个人能力的体现，而这种能力，可以迁移到自己喜欢的工作当中。

问题3：工作中真正激励我的因素是什么？

> 当你把工作当成一种乐趣时，生活就是一种享受！
> 当你把工作当成一种义务时，生活就是一种苦役。
> ——高尔基

只有找到内心深处的动力源，才能更清晰准确地确定自己的发展目标。对大部分人而言，工作只是其谋生的工具，把工作看成是赚钱的手段，所以在选择一份工作时主要考虑的因素是工资的多少。也就是说钱是激励这部分人工作的主要动力。把金钱作为工作的动力本身是没有问题的，尤其是在刚刚毕业的前两年里，钱是生存的保障。但是如果一直把金钱的动力放在首位，那么就会不断地寻找更高工资的工作，一旦达不到预期，就会有很大的失落感和挫败感。

关于金钱是不是工作的动力还真有科学的研究。1976年，经济学家詹森和麦克林发表了一篇论文，这篇文章是

第四章
Target,目标,能量的积累

关于激励论的,它的观点是:为什么管理人员不能够按股东利益最大化的原则来处理事情呢?他们认为,根本原因在于人们只会拿多少钱办多少事。要使这种状况得到转变,就必须让管理人员的利益与股东的利益保持一致。这样一来,如果股价上涨,管理人员拿到的薪酬也更加丰厚,皆大欢喜。尽管詹森和麦克林没有专门主张要支付高额薪酬,但他们还是认为只有通过经济刺激,才能使管理人员关注他们希望关注的重点。

这种激励论的问题在于他们解释不了非常明显的异常现象。例如,世界上最勤劳的人在为非盈利性机构或者慈善机构工作——他们有些在你想象不到的艰苦条件下工作,如灾后重建地区、饥荒国家……如果他们在私营企业工作,原本可以得到更多,但是他们却选择了报酬非常少甚至没有报酬的工作。还有,人们很少会听说哪个非盈利性机构的管理者抱怨员工没有工作动力。

如果钱不是他们行动的动力,那么他们的动力究竟是什么?这里要谈论一下动因论——它与激励论正好相反。它承认要得到想得到的需要付给人报酬,但物质激励不是真正的"动因"。人们做某件事真正的动因是发自内心地想去做。这样,无论你身处顺境还是逆境,动因都将持续。

这也就是赫茨伯格提出的双因素理论,这个理论包含两种不同的因素：基础因素和动力因素。在工作中，由于一些基础因素不能达到我们的预期，会让我们感到不满。这里所说的基础因素包括地位、薪水、安全保障、工作条件、公司政策等，这些都很重要。基础因素不好，就会给人带来不满，所以你必须解决坏的基础因素，确保你不会对工作不满。薪水是一个基础因素，不是动力因素。

那么，真正让我们满意并爱上工作的因素是什么呢？那就是动力因素，动力因素包括：有挑战性、获得认可、责任感、个人成长。动力因素很少与外在刺激有关，更多的是跟自己的内心和工作的内在状态有关。

动力因素也就是自己真正喜欢上一份工作的根本原因，它是除去金钱外你还喜欢这份工作的原因，其中就包括个人成长。如果动力因素起作用了，我们就会爱上这份工作，即使赚不到大把的钱，你也会变得积极起来。不会在周五的时候对自己说"太好啦，总算到了周末"，也不会在周一的时候对自己说"哎，又是一个该死的周一"。当你是这样的状态，就要问问自己是不是哪里出了问题，严格意义上讲，如果你是这样的状态，那其实你是对自己的时间、对自己的成长都是不负责任的行为。

当一个人找到真正喜欢的工作时，就会觉得没有一天是在工作，因为上班的时候也是自己想要的，下班的时间

第四章
Target，目标，能量的积累

也是自己喜欢的，不仅工作生活会很开心幸福，个人成长的速度也会比那些上班熬时间混日子的人快很多。

那么什么样的工作才是能让自己爱上的工作呢？通常情况是既满足基础因素又满足动力因素的工作。可是这样的工作并不容易找。大部分人的状况是为了生计，刚开始的时候从事了自己不喜欢的工作，然后慢慢地适应了这种不喜欢，沿着错误的道路妥协下去，慢慢地就忘了自己喜欢的是什么了，把边抱怨边工作当成了自己该有的一种生活状态了。

对于绝大部分人而言，一开始就找到自己心爱的工作估计很难，这个时候为了满足自己的基础因素，从事一份自己并不喜欢的工作无可厚非。但这个时候，能够把自己不喜欢的事情做好却是自我能力的体现，也是对自己负责任的表现。然后将这份满足基础因素的工作所积累的能力快速迁移到自己喜爱的工作上面，避免了从零开始的过程。

我的师父王鹏程现在在企业培训领域也算小有名气，积累了良好的口碑。可是你知道吗，他的第一份工作是工厂的品质管理，而且经常昼夜两班倒，完全是体力工作。他并没有因为不喜欢品质管理就消极对待，而是非常努力，不到两年就做到了外企品质主管，在一次 HR 离职的机遇下，成功申请到培训主管的岗位，实现了从基础因素到动因因素的转化，他最想做的就是培训，培训可以带给他成就感和满足感。所以后来，即便面对薪水双倍的HRD岗位工作，他都没有考虑过，一心做自己喜欢的培训，这也是为啥他可以在培训这条路上走得如此幸福的原因。

我本人更为极端，可以说在没完全满足基础因素的前提下，就一直在探索动力因素，先后经历了从制造业的品质管理到传统行业的销售再到互联网行业的创业者的角色转变。可以说，现在的我每天过得都很开心，不管是上班还是下班，不管是工作日还是休息日，对我而言，每天都是一样的。

那么，对于一个还没有找到自己动力因素的工作的朋友，该怎么办呢？首先可以通过价值观测试，找到自己的动力因素是什么，然后"找马的同时，善待你的驴"，大部分人喜欢骑驴找马，以为找到了那匹马，自己的一切问题就解决了。其实很多人不知道自己的动力因素是什么，只是知道现在骑的驴不是自己的动力因素。这个时候一定要善待你的驴，然后利用业余时间做些不同的尝试，一旦哪一天找到了自己的动因，便义无反顾地去追求，之前善待驴的经验，可能恰恰就是你要骑的马需要的能力。

所以，在明确目标的时候，请务必找到自己工作的动力因素，勿把对基础因素的追求当成动力因素，或许在基

第四章
Target，目标，能量的积累

础因素没满足需求时，那的确是动力因素，但是当基础因素得到某种程度的满足时，追求自己的动力因素才可以让自己爱上每天做的事。

现在让我们来做个回顾，要想找到自己的理想职业，把一些问题想清楚弄明白最关键。首先要问问自己为什么做现在的工作，不管是继续现有的工作还是寻找新的工作，都要做一个积极主动的人。同时，如果当下的确不喜欢现在的工作，也别急着做选择，相对于自己不想要什么，明确自己要什么才是更重要的，在思考的同时，尽最大努力把现有的工作做好，等想清楚了，积累的技能便可以直接迁移到你喜欢的工作上面了。最后还要弄明白真正激励自己的动力因素，勿把追求基础因素当成追求动力因素，找到了自己的动力因素，那么你离从事自己的理想职业就只差一个行动了。

如何找到自己钟爱的职业

你必须找到自己钟爱的事业。你的工作将占据生活的很大一部分,所以得到满足的唯一选择途径就是去做你信念中伟大的事业。而要成就伟大的事业,就必须钟爱自己的工作。如果你还没有找到,那么就继续寻找,不要停下你的脚步!

——史蒂夫·乔布斯

通过上一节与自我对话的三个问题,你应该明确了自己不想要什么,以及对自己想要什么有了一个大概的方向,如果你已经在从事自己钟爱的工作了,那就投入自己的注意力和精力,全力以赴去践行自己的目标。如果你只是明确了一个大概的方向,但还是没办法找到自己想从事的具体的职业是什么,那么在这一节我就为你提供以下几个思路,帮助你更加有针对性地找到自己钟爱的职业。通常一份自己钟爱的工作符合四个要素：意义、兴趣、优势和需求。

首先是意义

意义是我们做一件事情的原因，只有当你认为你所从事的工作有价值的时候，你才愿意去投入。于内，意义也就是我们在上一节谈论的动力因素；于外，意义就是我们做这件事可以创造什么价值。当你找到一件事情的价值的时候，做起来就会特别有激情，会非常享受、会忘记时间、完全感觉不到疲惫，即便遇到困难，解决困难的过程，你也会觉得很有趣。如果你现在做的工作让你感觉不到乐趣或者工作简直就是一种煎熬，那么这份工作就不是你追求的价值和意义。管理上有一个"不值得定律"，最直观的表达是，不值得做的事情，就不值得做好。一个人如果从事的是一份自认为不值得的事情，往往会持冷嘲热讽、敷衍了事的态度。不仅成功率小，即使成功，也不会觉得有多大的成就感。

以我个人为例，我在做第一份品质管理工作的时候，通过自己的努力，工作成效是同一批入职的同事中最出色的，但是自己并不喜欢这种一成不变的工作方式，于是每天上班都会有一种例行公事的感觉，每天早上起床非常不情愿，需要三四个闹钟、再不起床就迟到的时候才能懒洋洋地起床。工作的时候也并不会百分百地投入，只要满足领导的要求就可以，是为了满足上级的要求才努力工作，并不是发自内心地热爱，当然也就谈不上主动找活干。最期盼的就是下班的那个时间，趁领导不在赶紧打卡溜之大吉。

而当我后面做销售的时候就完全是另外一种状态，每天早上早早来到公司，尽快赶在其他同事还没来的时候先搜集一些客户名单，一旦找到客户的联系人，赶紧更新到日报里面，生怕其他同事抢先注册这个客户，下班也不愿意早走，多学一些是一些。晚上也很少有10点前回家的时候，经常参加各种社群活动提升自己的交际能力和拓展人脉资源，虽然有些疲惫，却乐此不疲。包括后来的创业，每天上班都很享受，很少会有盼望下班像盼望放假的感觉，双休日只要没有其他的安排也基本待在公司，因为这就是自己想要的工作，做着自己喜欢的事，就会充满激情和动力。

如果你想找到工作的意义，可以思考一下以下几个问题：

（1）倾听自己内心最诚实的声音，你想让自己做一个

第四章
Target，目标，能量的积累

怎样的人？总结成关键词。比如我的价值观是"利他、成就感、影响"。如果你实在想不到，可以寻找自己身边的偶像和榜样。在你的公司或者在你的社团中找到一个你钦佩的人，这个人最好能够比自己大 5~10 岁，问问自己，假如自己到了 TA 那个年龄，过上 TA 那种生活，自己是否会满意。如果答案是肯定的，再问自己，我喜欢 TA 身上的哪些特点，把这些特点列出来。

（2）问问自己到目前为止最快乐或者最有成就感的的事情是什么，为什么？或许你不知道自己喜欢什么工作，但是在你的过往中一定有很多让你有成就感或幸福感的事。比如组织一次大型活动，比如在 100 人面前做一次出色的演讲，比如曾经用一段代码把对女朋友的表白写到图片中，而当她用专用工具打开显示的时候被感动哭等，列出 2~3 件让自己曾经非常有成就感或者幸福感的事，然后去挖掘这些事背后的共同点。

（3）假设自己现在已经到了垂暮之年，哪件事不做自己会遗憾终生，提炼三个关键词。

通过这样的自我对话，通常情况下可以帮助你挖掘内心追求的价值和意义。这也是一个探寻自己价值观的过程，当你的工作和你的价值观相匹配的时候，你的工作于你而言就有了非常大的价值和意义。

其次是兴趣

兴趣可以给我们带来快乐，关于兴趣，我最喜欢古典老师在《你的生命有什么可能》中的理论，古典老师把兴趣分为三个层次：感官兴趣、自觉兴趣和志趣。

感官兴趣：就是直接的感官刺激产生的兴趣，简单来说就是看见别人做什么让自己受到了刺激，于是觉得自己也喜欢这个东西，但通常只停留在想想层面，并不会落实到行动。比如我看到同事游泳很厉害，我觉得游泳也是我的兴趣爱好，可是自从买了泳衣基本上没去过游泳馆，这种兴趣只是停留在感官层面，来得快，去得快，非常不稳定，无法让我们在任何一个事务上形成能力。如果是凭借自己感官兴趣去匹配一份职业，那么找到自己钟爱职业的概率就比较低，表面上看你对这份工作是有兴趣的，但是这种兴趣只会停留在表面，一旦遇到困难会条件反射般地放弃。

自觉兴趣：是认知行为参与的兴趣。比如上面提到的游泳，我不仅买了泳衣，而且我还每周坚持去游，去练，从刚开始的克服对水的恐惧，再到能够让自己浮起来、游出去等步骤一步一步地学习，那么游泳这件事就上升为自觉兴趣。以前我也喜欢健身，但是并没有办健身卡，也没有坚持健身和运动，而今年不仅办了健身卡，还请了私人教练有针对性地训练，同时每周坚持去，还会买一些健身方面的书籍来看，健身这件事就成为了我的自觉兴趣。区分感官兴趣和直觉兴趣的直接方式，是看一个人是否为这个兴趣投入了时间和行动。

志趣：不仅在于感官和认知能力，还加入了更深一层的内在发动机——志向与价值观。志趣已不仅仅是兴趣，而是我们把感官兴趣通过学习变成能力。也就是说志趣是结合自己能力和意义的兴趣。如果你的身上有这样的兴趣，要及时记录、观察和培养，把这类兴趣与自己的职业匹配，就很容易把职业发展为自己钟爱的事业。

所以现在，请朋友们花5分钟发散地写下自己的所有兴趣，然后按照感官兴趣、自觉兴趣以及志趣的标准对其进行分类，便可看出哪些是属于自觉兴趣，哪些是想培养为志趣的兴趣。

我的兴趣包括：＿＿＿＿＿＿＿＿＿＿＿＿＿＿＿＿＿＿

其中感官兴趣有：＿＿＿＿＿＿＿＿＿＿＿＿＿＿＿＿＿＿

其中自觉兴趣有：＿＿＿＿＿＿＿＿＿＿＿＿＿＿＿＿＿＿

能培养成志趣的有：＿＿＿＿＿＿＿＿＿＿＿＿＿＿＿＿

关于寻找职业兴趣，还有一个专业的测评——霍兰德职业兴趣测评。约翰·霍兰德（John Holland）是美国约翰·霍普金斯大学心理学教授，美国著名的职业指导专家。他于1959年提出了具有广泛社会影响的职业兴趣理论。认为人的人格类型、兴趣与职业密切相关，兴趣是人们活动的巨大动力，凡是具有职业兴趣的职业，都可以提高人们的积极性，促使人们积极地、愉快地从事该职业，且职业兴趣与人格之间存在很大的相关性。霍兰德把人格分为社会型、企业型、常规型、实际型、研究型和艺术型六种类型。

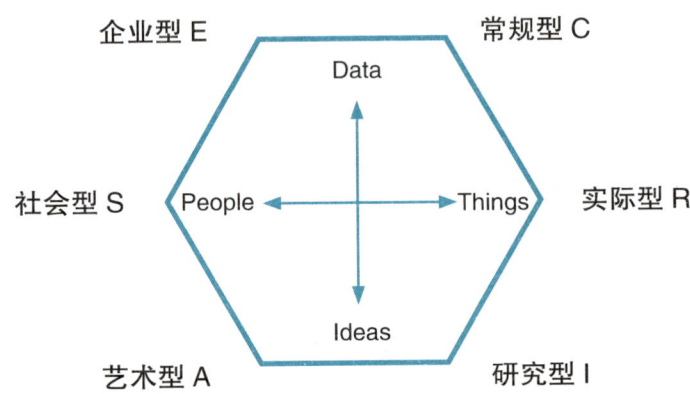

六种类型内容

1. 社会型（S）：共同特征：喜欢与人交往、不断结交新的朋友、善言谈、愿意教导别人。关心社会问题、渴望发挥自己的社会作用。寻求广泛的人际关系，比较看重社会义务和社会道德。

典型职业：喜欢要求与人打交道的工作，能够不断结交新的朋友，从事提供信息、启迪、帮助、培训、开发或治疗等事务，并具备相应能力。如教育工作者（教师、教育行政人员），社会工作者（咨询人员、公关人员）。

2. 企业型（E）：共同特征：追求权力、权威和物质财富，具有领导才能。喜欢竞争、敢冒风险、有野心、抱负。为人务实，习惯以利益得失、权力、地位、金钱等来衡量做事的价值，做事有较强的目的性。

典型职业：喜欢要求具备经营、管理、劝服、监督和领导才能，以实现机构、政治、社会及经济目标的工作，并具备相应的能力。如项目经理、销售人员、营销管理人员、政府官员、企业领导、法官、律师。

3. 常规型（C）：共同特点：尊重权威和规章制度，喜欢按计划办事、细心、有条理，习惯接受他人的指挥和领导，自己不谋求领导职务。喜欢关注实际和细节情况，通常较为谨慎和保守，缺乏创造性，不喜欢冒险和竞争，富有自我牺牲精神。

典型职业：喜欢要求注意细节、精确度、有系统有条理，具有记录、归档、据特定要求或程序组织数据和文字信息的职业，并具备相应能力。如秘书、办公室人员、记事员、会计、行政助理、图书馆管理员、出纳员、打字员、投资分析员。

4. 实用型（R）：共同特点：愿意使用工具从事操作性工作，动手能力强，做事手脚灵活，动作协调。偏好于具体任务，不善言辞，做事保守，较为谦虚。缺乏社交能力，通常喜欢独立做事。

典型职业：喜欢使用工具、机器，需要基本操作技能的工作。对要求具备机械方面才能、体力或从事与物件、机器、工具、运动器材、植物、动物相关的职业有兴趣，并具备相应能力。如技术性职业（计算机硬件人员、摄影师、制图员、机械装配工），技能性职业（木匠、厨师、技工、修理工、农民、一般劳动）。

5. 研究型（I）：共同特点：思想家而非实干家，抽象思维能力强，求知欲强，肯动脑，善思考，不愿动手。喜欢独立的和富有创造性的工作。知识渊博，有学识才能，不善于领导他人。考虑问题理性，做事喜欢精确，喜欢逻辑分析和推理，不断探讨未知的领域。

典型职业：喜欢智力的、抽象的、分析的、独立的定向任务，要求具备智力或分析才能，并将其用于观察、估测、衡量、形成理论、最终解决问题的工作，并具备相应的能

第四章
Target，目标，能量的积累

力。如科学研究人员、教师、工程师、电脑编程人员、医生、系统分析员。

6.艺术型（A）：共同特点：有创造力，乐于创造新颖、与众不同的成果，渴望表现自己的个性，实现自身的价值。做事理想化，追求完美，不重实际。具有一定的艺术才能和个性。善于表达、怀旧，心态较为复杂。

典型职业：喜欢要求具备艺术修养、创造力、表达能力和直觉，并将其用于语言、行为、声音、颜色和形式的审美、思索和感受的工作，并具备相应的能力。如艺术方面（演员、导演、艺术设计师、雕刻家、建筑师、摄影家、广告制作人）、音乐方面（歌唱家、作曲家、乐队指挥）、文学方面（小说家、诗人、剧作家）。不善于事务性工作。

测试试题可以直接在网上搜索"霍兰德测试"或者在手机应用商店搜索"霍兰德"下载APP都可以完成，测试完成之后会生成一个简单报告以及推荐的职业。通过测试，可以发现自己属于哪种类型，再比对那些每种类型适合的典型职业，问问自己是不是喜欢这些职业。如果能把自己筛选出来的志趣和测试的职业兴趣相匹配的话，那么这个工作基本上可以作为你钟爱的职业了。

再次是优势，也常常被其他人称为天赋

天赋常常被理解为是先天的，而优势更多的是后天努力形成的，我更喜欢优势的表达方式。

有一个著名的木桶理论——木桶能装多少水，取决于最短的一块板。所以木桶理论告诉我们，如果想要装更多的水就要补足自己的短板。这个理论或许在之前是有效的，但是移动互联网非常发达的今天，人与人分工非常精细化，几乎打破了地域和时间的限制，如今我们恰恰需要发展我们的长板——当你把桶倾斜，你会发现能装最多的水决定于你的长板（核心竞争力），而当你有了一块长板，围绕这块长板展开布局，才可以为你赚到利润。如果你同时拥有系统化的思考，你就可以用合作、购买的方式，补足你其他的短板。古典老师也说，在职业生涯发展中，最好的能力策略是"一专多能零缺陷"。

"一专"是指让自己有一项专长。

"多能"是指尽可能多储备几项能力搭配使用。

"零缺陷"指通过自身努力和对外合作，让自己的弱势变得及格即可；如何在零缺陷的前提下找到自己的长板显得至关重要。

在挖掘个人优势方面，我推荐盖洛普优势识别器这个

第四章
Target，目标，能量的积累

测试工具。为了帮助人们发现自身优势，1998年，优势心理学之父唐纳德·克利夫顿博士（1924—2003年）与作者汤姆拉思及盖洛普科学家团队研发了一项科学的优势测量工具——优势识别器，并将这项独一无二的测量工具纳入了管理类畅销书《盖洛普优势识别器2.0》中。你如果想知道自己的五大核心优势，并且每一个优势是什么意思，该怎样发挥，那么可以在当当、亚马逊或者京东上买一本书，《盖洛普优势识别器2.0》内含优势识别器2.0测试密码，测试完成后，系统会自动生成测试报告——《优势识别和行动计划指南》，帮助我们了解并发挥自身优势。同时每个优势在书中都给出了行动建议，这也是找到自己想要什么的一个不错的方法。我个人的五大优势分别是学习、取悦、成就、行动和专注。我也很享受做一些需要这方面优势的事情。

最后是企业需求

在寻找自己钟爱的职业的时候，最常忽略的也是需求，通常我们只会从自身的角度出发，却忽略了企业需要什么。企业雇佣我们往往不是因为我们擅长什么，而是企业需要什么，如果企业或者社会对于我们提供的东西不需要，那

197

么即便我们很擅长很有能力,也不会产生多大的价值。这和投资人投资创业公司的道理是一样的,首先看看这个公司所在的赛道市场需求有多大,如果不是满足大部分人的刚需,相对而言获得投资的概率也很低,即便拿到投资公司的估值也不会很高。个人的估值一样取决于你可能会在多大程度上满足企业的需求,满足社会的需求。在寻找需求方面,我们需要关注一下科技发展的趋势,在未来,人工智能的发展,会颠覆很多行业的玩法。

2017年8月8日21时19分,四川九寨沟地震,机器人用25秒写了全球第一条关于这次地震的速报,通过中国地震台网官方微信平台推送,全球首发。一篇标题为《四川阿坝州九寨沟县发生7.0级地震》的速报全文585个字,在8月8日21时37分15秒自动编写,整个过程自动写作,自动发布,无人介入。此外,机器人擅长写作的领域还包括财经、体育等领域,所以在不久的将来,"机器—人类"联姻模式、人机合一或许是个大趋势。对于我们个体在找自己的职业发展需求的时候,也要基于这样的大趋势,这样更容易事半功倍,做少得多,更快实现个人发展的跃迁。

丹尼尔·平克在《全新思维》里面开创性地向我们展

第四章
Target，目标，能量的积累

示了引领未来的六种基本能力——设计感、故事感、交响能力、共情能力、娱乐感、探寻意义，随着人工智能和大数据的崛起，需要这些能力的岗位也更不容易被机器取代，所以在寻找钟爱职业的时候，要尽量选择那些不容易在未来被机器替代的工作，这类的工作企业需求也会越来越大。

找到自己钟爱职业的四个方面——意义、兴趣、优势和需求，做自己感兴趣的事，满足他人的需求，同时创造价值实现人生意义，还有什么比这更让人幸福的事情呢？

当然在实际生活中，有一部分人也知道自己的兴趣和优势，同时也知道自己追求的价值，但迫于周围环境的压力、家庭压力以及金钱压力等觉得自己没有办法去做自己喜欢的工作，追求自己钟爱的职业。不排除的确有一部分人的确有特殊情况，或在某一阶段的确被以上因素所牵绊。但绝大部分时候，我们是用恐惧感把自己吓倒了，对事情本身的恐惧远远大于追求自己喜欢的工作实际产生的恐惧。追求绝对的安全感就等于绝对的不安全，在追求自己钟爱的工作的路上，请先迈过自己内心的那一个限制性的信念，事情真的或许没有你想象的那么可怕。切勿穿着体面的服装，在体面的办公楼里，体面地浪费生命。最怕一生碌碌无为，还说平凡难能可贵。

当然，这也并不是说让你现在就跳槽去找自己热爱的事业，你可以试着换一个角度看待自己的工作，找到可以激发热情的方式，调动起自己的积极情绪。当下的工作或许就是你要找的理想职业，只是之前没发现。祝愿每一位朋友都能够基于自己的价值观，结合自己的兴趣和优势找到既满足企业需求又让自己钟爱的事业。

第四章
Target，目标，能量的积累

践行目标的原则和工具

在践行个人目标方面，有个非常重要的原则——以终为始。以终为始是史蒂芬·柯维在《高效能人士的七个习惯》这本书提到的习惯二，柯维指出，"以终为始"的原则基础是"任何事都是两次创造而成"，先在头脑中的构思，即智力上的第一次创造，然后付诸实践，即体力上的第二次创造。以建筑为例，工人们在拿起工具建造之前，必须先有详尽的设计图纸，而绘出设计图纸之前，需在脑海中构思每一个细节。有了设计图纸，然后有施工计划，这样按照图纸一步一步施工，才能完成前期设计的建筑。假使设计稍有缺失，弥补起来，可能就会事倍功半。孙武在《孙子兵法》中关于作战也有个观点是"先胜后战"，就是先在大脑中通过构思和推演，预计可以胜利了，于是才开始真的作战。这都是说目标和规划对于一个人做事的重要性。

职场中，比如你想在 2 年内晋升为部门经理，那么脑力上的第一次创造就开始思考，晋升经理需要哪些条件，需要什么能力等，然后把这些需要的条件和能力落实到工作中，按照计划去行动，这样达成目标的概率就很高。反之，当一天和尚撞一天钟的话，你会觉得自己的工作特别无聊。有句话说得好，如果你没有自己的职业目标，那么那些目标清晰的人就会让你帮忙去达成他们的目标。同时，工作本身并不是目标，而只是达成目标的途径，通过工作，不断地积累资源和经验，积累自己的能量，为开拓自己的事业做准备，为实现自己的人生愿景蓄能。

在我转行做销售之前，我就已经明确了要用一年时间学会销售的基本套路，然后去创业。我从第一家公司离职后转行去做销售，情况比较尴尬，之前我做了两年的品质管理，说我有两年工作经验吧，但是在销售方面确是零经验；说我没有工作经验吧，我的确工作了两年，企业不会把我当成应届生一样去宽容地看待。更何况我的右手还有残疾，很多关系好的人都会说我这种情况可能不太适合销售这种经常涉及对外交往的工作，很多公司可能会介意。在我面试的时候，部门负责人对我是比较满意的，然后是HR核实基本信息，通常这个环节就是走走形式，基本信息没什么问题就可以入职了。在HR面谈的过程中，我主

第四章
Target,目标,能量的积累

动告知我的右手有残疾,以免被误认为是不诚实,而恰恰可能是这个原因,说好的第二天就能给我通知,一直等了三天也没有给我任何回复。为了得到销售的工作,我又来到了这家公司,找到了面试我的部门领导,说明我十分想要这样的工作机会,尽管我有两年的工作经验,但是我愿意接受应届生的待遇从零开始。也许是领导被我的真诚打动了,也许是觉得反正成本比较低,可以试一试,就这样我获得了这份工作。

和我同一批入职的有应届毕业生,也有一两年销售经验的社招人员,因为我知道我想要什么,于是我比他们都要努力,早上我几乎每天都是第一个到公司,在别人还在看网页新闻的时候,我已经把当天要联系的客户名单整理好了,到了九点半我开始打电话的时候,他们还在搜集客户信息。同时主动向经理申请把那些难对付的客户分配给我,这些客户不仅不好沟通,付款也是拖拖拖,导致我工作一年,直到离职才拿到销售提成。但这也是绝佳的锻炼机会,可以让我在一年时间学习到别人需要两三年才能积累的势能。一年后,我的销售业绩也是我们同一批入职的员工中数一数二的,获得了公司优秀员工称号。当其他人都觉得我在公司会有不错的发展的时候,我却辞职和朋友创业去了。因为觉得在这个平台我学得差不多了,在做这份工作之前就是这么规划的。在离职的几个月时间里,部门领导还多次给我打电话,希望我能回去,说给我销售经理的职位,也被我委婉拒绝了。当我明确自己目标的时候,就知道什么是自己想要的,什么是自己不想要的,即便是诱惑,如果和目标不相关,也会拒绝掉。

这就是以终为始的魅力。以终为始说明在做任何事之前,都要先认清方向。这样不但可以对目前处境了如指掌,而且不至于在追求目标的过程中误入歧途,白费工夫。毕竟工作中的干扰源太多,一不小心就会走冤枉路。许多人拼命埋头苦干,到头来却发现追求成功的梯子搭错了墙,那每一次行动无疑加速了失败的步伐,所以说忙碌的人未必出成果。在开始行动之前,先确定目标,然后以终为始,可以让我们忙得更有效率,这是高效能的前提和基础,也是能量积累中最关键的基本原则。

以终为始的原则概括来讲就是设定目标——可行性分析——制定计划——执行计划——与原目标对比分析。

有了践行目标的以终为始的原则之后,我们该如何把目标落地执行呢?这里推荐一个非常实用的工具,也是我和我的目标践行小组在使用的工具——圆方规划图。工具来自王鹏程老师和于翠霞老师合著的《圆梦职场——个人

第四章
Target，目标，能量的积累

战略管理手册》，书中不仅把每个月、每周、每天的表格已经列好，而且包含了个人的三年愿景和价值观等内容。可以有效帮助大家实现"人生有方向，三年有愿景，年年有规划，月月有目标，周周有计划，天天有行动，时时有觉察，每周一教练"。感兴趣的话可以买一本书直接拿来用，或者也可以在我介绍如何使用这个工具后，自己用PPT绘制一个圆方规划图。

设定目标

先从年度目标制定说起，你的目标可以是取得资格证书、升职、积累经验、提升工作能力、学习新技能、增强领导力等。年度目标应该包括你正在思考或准备做的事情。当然制定好年度目标之后，在适当的时候是可以调整的，根据我和身边朋友的执行情况，大概3个月会调整一次，有些人调整的幅度会比较大，也有些人调整得很少，不管是哪一种类型，相比于之前不制定目标而言，成长速度还是有明显感知的。

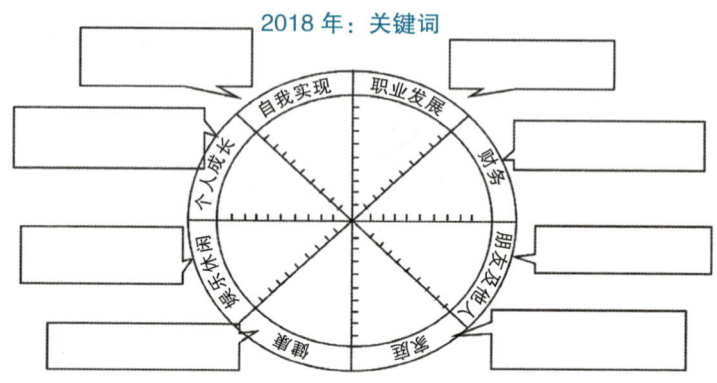

依照圆方规划图，年度规划可以分四步完成：

第一步，确定年度目标领域，并填写在平衡轮外圈的圆弧上。通常情况可以包括个人成长、自我实现、职业发展、财务、朋友及重要他人、家庭、健康、休闲娱乐几个方面，这八个方面帮助我们的人生做了很好的平衡，当然不同阶段，侧重点不同，如果我们在当前的年度，重心在职场，那么可以把这部分着重来写，而其他模块可以少制定或者不制定目标。也可以根据自己的情况，选择其他的维度，这个因自己而定。这里面有几个在实际操作中经常被问到的点，一个是个人成长和自我实现的区别是什么，个人成长更侧重于个人的学习和技能的提升，侧重于短期能力的提升。而自我实现更侧重于做一些和梦想有关的事情，侧

第四章
Target，目标，能量的积累

重于长期愿景的实现。另一个是如果自己结婚了，那么父母是属于家庭还是属于朋友及重要他人，这个时候要把父母放在朋友及重要他人里面，家庭指的是自己的小家。

第二步，针对不同的领域，给自己当前项上一年度的满意度依次打分（1～10分），并将对应的分数用弧线和阴影标记出来。这个满意度是指自我满意度，而不是别人对我们的满意度，有的方面可以做得很少，但是却超过了自己的预期，那么满意度也会很高，有的方面可能做了非常多，但是没达到自己的预期，满意度可能相对较低，这都是正常的。比如在职场方面，你如果对自己过去半年或者一年的满意度评分很高，这代表在过去的一段时间里，你是按照自己的预期在发展的，而如果评分较低，则表示你对当前的状态不满意，幸福指数偏低，需要及时进行调整。

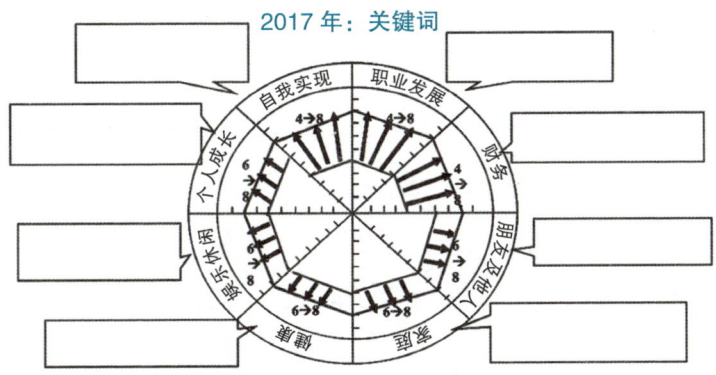

第三步，针对不同的领域，你期待一年后的满意度是多少分（1~10分）？把对应的分数用弧线标识出来，两条弧线之间的差距用另外一个颜色的笔涂上阴影（阴影要用向上的箭头标识）——再次运用度量尺，可以看到自己将要去哪里，成长的空间一目了然。

第四步，针对每个领域，依照第三步的满意度，制定支撑目标，就是完成哪些目标可以实现自己的满意度，填写在每个领域对应的方框内。

可行性分析

制定好每个领域的年度支撑目标后，这个时候要对目标的可行性进行分析，目标要符合SMART原则，S代表具体（Specific），M代表可度量（Measurable），A代表可实现（Attainable），R代表相关性（Relevant），T代表有时限（Time-bound）。

首先目标要具体和可度量。如果你的目标是"每周健身实现减肥"，那么这就是一个不具体不可度量的目标，目标是否达成没法衡量，是减肥5斤实现目标还是减肥10斤算是达成目标？如果改为"6月份之前体重达到110斤内"，这样就会让你清楚地知道目标具体是什么。这就是

第四章
Target，目标，能量的积累

一个符合具体可衡量原则的目标，一个明确的目标可以减少思想上的歧义和执行中的变异，我们达成目标的可能性也就越大。在工作中也是同样的道理，如果你给自己的目标是"努力地工作""争取优秀的表现"之类的，那么相对而言，就比较难实现，因为目标不够具体，不足以指导该怎么行动，但是如果把目标设定为"每天比工作时间早到半小时""每天打30个客户电话"就要明确多，也容易实现得多。

其次是目标要可实现。在年初制定目标时，最容易出现的误区就是目标设置得非常多而且大大超出自己的能力。比如一个很少看书的人，在年初制定了一个目标，"在一年内阅读100本书"。这个时候，就要考虑目标是否能够达成，如果一年阅读100本书，那么一周大约阅读完2本，这种可能性有多大。如果你觉得一周内读两本书的可能性很小，这个时候就要逐渐地降低目标，比如一周一本呢，两周一本呢，一个月一本呢，直到你觉得这个目标的可完成度在80%以上，这个目标才会相对合理。也许有人会说，这样会不会到头来目标定得特别低啊，也许会的，但是一个低标准是相对于理想情况而言的，相对于之前的自己，应该也是高标准了。更为重要的是，一个可以达成的低目标远远要比一个高标准的实现不了的目标好太多。践行目标的过程，完成要远远比完美更重要。只有完成的目标才可以帮助自己蓄能，完不成的目标只会让自己越来越信心不足。

再次是目标的相关性。相关性可以有两种理解，一种是个人的短期目标要和长期目标相关，另一种是个人目标要和企业需求相匹配。如果想在职场中快速成长，最好的方式是把自己想要提升的技能与企业对自己的期待和需求相匹配，这样不仅更有利于达成目标，而且进步也会更快，同时还能利用公司的平台找到各种匹配的资源，这是一种借企业之势积自己之能的最好方式。

王鹏程老师在外企工作时，他自己最想做的就是培训讲师，而企业也期待他能引进一些优秀的课程在企业里培训给更多的员工，于是他每年都能够利用公司的经费学习1~2门全球最顶级的认证课程，比如《高效能人士的七个习惯》《关键对话》《变革管理》等，不仅帮助了企业，更帮助了他个人，如今他自己出来做自由讲师，不仅课酬很高，而且完全不需要自己去宣传推广，光是朋友推荐就已经足以满足他的授课量需求了。这就是利用企业之势积自己之能的典型。

第四章
Target, 目标，能量的积累

最后是目标达成的时间。设置时间的时候，要区分达成目标的过程是否自己可控，如果不可控的话，截止时间也会成为阻力。还拿"6月份之前体重达到110斤内"为例，很多人在制定这个目标的时候，一般情况下并不知道将要怎样做，可能只是对于该用什么方法要做些什么事有那么一点概念，但并不知道这些方法和事情是不是真的有用或者有什么用处，而一旦在执行的过程中和预期相差比较大的时候，就会很困惑，随着截止时间一点点临近，心情越来越焦虑，在明确知道在限定时间达成目标几乎不可能的时候，要么出现欲速则不达的情况，要么就自暴自弃，放任自流了。为了避免这样的情况，除了结果目标，过程目标也是一个极好的方式，比如我们想减肥，减肥就要燃烧卡路里，那你可以把目标设定为"每周跑步两次，每次60分钟"，这个目标就不会让你有焦虑感，除非你自己放弃，否则过程目标很好达成，而达到110斤的时间或许是5月也可能是7月，至少不会让你在6月没达到110斤的时候，怀疑自己，甚至放弃目标。通常过程目标执行得好，结果目标往往都不会太差。用这种方法，就没有所谓的失败，而是一个不断学习和成长的过程。这是在执行目标过程中规避过早放弃的一个小技巧。当然，这并不是说我们在设定目标的时候不要有截止日期，如果实现目标的任务是自己可控的,那就一定要有截止日期,比如周三前提交工作报告,周五前给哪个客户发报价单等,这些都是自己可控范围内的事情,设定截止日期非常有必要。

你的年度目标,经过这样的SMART可行性分析之后,基本上就已经实现一半了,接下来就是制定计划并在执行中不断反馈了。

在制定计划、执行和反馈这方面,推荐运用PDCA的思路来展开,PDCA是英语单词Plan(计划)、Do(执行)、Adjust(检查)和Adjust(纠正)的第一个字母。

P(plan)计划。根据确定的年度目标,逐层拆解,拆解为月度目标及周目标,在这个过程中,要确保月度目标和年度目标是相关的,周目标和月度目标是匹配的,以防出现做了很多却跑偏的情况发生。

D(Do)执行。根据已经确定的具体方法、方案和计划布局,进行具体运作,实现计划中的内容。执行是实现目标关键中的关键了,计划再完美不去执行也没有任何意义,这里没啥好说的,按照计划做就是了。

C(check)检查。在执行目标的过程中,要定期对执行情况做检查,总结执行计划的结果,分清哪些对了,哪些错了,明确效果,找出问题。在我们的目标践行小组里面,是每两周一次,大家集体检查总结以及制定接下来两

第四章
Target, 目标，能量的积累

周的个人计划，每周一个主持人主导，主持人采取轮流制，小伙伴的积极性和目标的达成率都很高。同时在结果与计划发生偏差的时候，会有及时的调整，要么调整行动，使之符合目标，要么之前的目标不符合，就调整目标，有了这个检验和反馈的动作，非常利于目标的达成。如果你觉得自己做的话会有惰性，不能坚持，也可以召集几个有同样想法的伙伴一起互相监督，为了更好地约束大家，可以先让大家交一部分钱，如果按要求检查则全款退回，若没能按要求执行，则把他的钱作为红包发到群里。

A（Adjust）纠正。对检查总结的结果进行完善处理，对成功的经验加以肯定，并予以标准化；对于失败的教训也要总结，引起重视。如果自己的行动和既定的目标发生偏差，自己分析一下，是因为无意识地跑偏了，还是对目标作出调整了，如果是前者，要及时纠偏；如果是后者，就及时修正自己的目标，并且放在下一个 PDCA 循环中去执行。

树立以终为始的理念，以及按照以终为始的原则——设定目标、可行性分析、制定计划、执行计划、与原目标对比分析的步骤践行目标，目标的达成率会大大提升，同时在做年度总结的时候，你会特别有成就感，会发现一年时间竟然可以做这么多事情，效率大大提升，能力逐步养成，

能量也一点点积淀了下来。

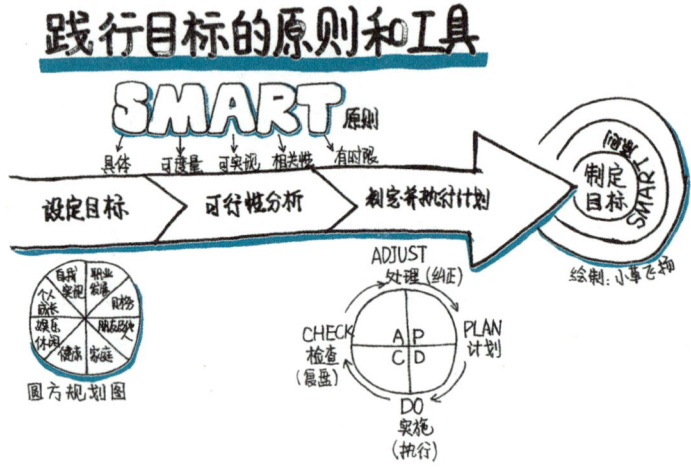

第四章
Target，目标，能量的积累

践行 HEAT 法则是能量的积淀

HEAT 法则的四个方面并不是孤立存在的，而是相互影响，相互促进的。规律的运动既是体能精力的来源，同时有利于注意力的提升，规律的运动既是一个习惯，还是实现各种目标的前提，或者说规律的运动本身就可以是我们要达成的目标。我们可以把养成良好的习惯作为我们的目标，同时目标的达成更有利于我们养成好习惯，而养成任何好习惯都需要我们投入精力和注意力。这就是典型的 A 的达成有利于 B，同时 B 又加强 A 的情况，而复利的本质就是做事情 A，会导致结果 B，而结果 B 又会加强 A，不断循环，所以 HEAT 能量法则是符合复利效应的。

关于复利效应，已经有很多书介绍了，我在这里重点强调一下复利效应中两个关键的要点——重复和耐心。

首先非常重要的是重复，准确地说是有针对性的重复，如果 A 的达成有利于 B，而 B 又加强 A 的话，这就需要我们不断地重复 A，而不是做了几次 A，然后再去做几次 C，再去做几次 D，这样是不会产生复利效应的。就比如你学了一段时间演讲，还没等掌握核心技能，然后又去学习一段时间写作，发现写作也真的好难，于是又去学习快速阅读，如此往复，这样的重复并不会产生复利效应，反而会给自己造成一种一直在不断学习的假象。当然这样的学习比什么都不学要好一些，但是并不能给自己积累能量，并不能让你与他人形成本质的差异化。倘若想形成自己的优势，就把一件事不断做好，直至成为自己的一项核心技能，甚至形成自己的肌肉记忆。

　　第二个非常重要的是耐心，这也是当下快节奏的时代最稀缺的品质，太多人急于速成，最好是能够在短时间内就掌握一种技能，然而现实情况并不是这样的，对于任何一种技能的养成都是需要大量有针对性的重复的。当我们羡慕别人健硕的肌肉时，要知道别人是经过了大量的时间，承受各种肌肉的酸痛才换来的，在我们看到健硕的身材之前，别人已经投入了大量的精力和时间了，已经度过了漫长的等待期。就拿演讲这个我觉得当代人人都应该掌握的技能而言，很多人平时并不怎么演讲，却期待通过 2 天的集中学习让自己的演讲能力提升，如果你是一个纯小白，或许你能学到内容设计的方法、肢体语言的运用和语音语

第四章
Target，目标，能量的积累

调的变化方法，可是知道这些方法和会用这些方法却有着遥远的距离，唯有不断地练习并通过反馈做改进再练习，才能从根本上提升演讲技能。这和复利曲线（如下图）所揭示的底层规律是一致的，在等待那个爆发的拐点之前，我们要经过长时间的寂寞等待和修炼期，这个阶段才是最宝贵的，而大部分人就是在拐点出现之前失去了耐心，而没能等到自己爆发的那一天。如果你觉得做一件事是对的，那就坚定地去践行，时间会给我们答案。耐心是积蓄能量最可贵的品质。

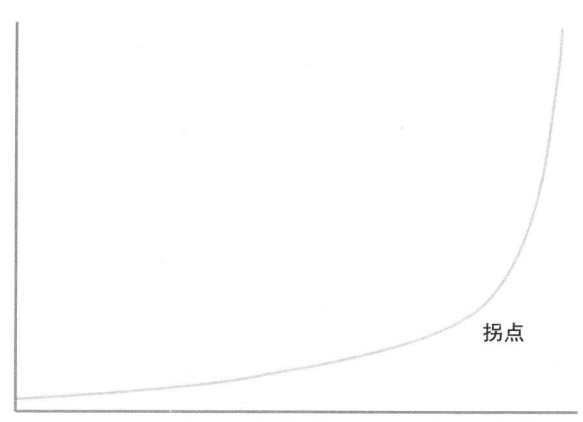

下面列举的习惯清单每一个都需要你用耐心不断重复，在刚刚开始执行的时候一定会比较痛苦，所谓的改变

就是抛弃之前的自己，塑造一个新的自己的过程，可一旦你度过了那个拐点，你就再也不是从前的自己，而是一个站在更高处、具有高能量的小巨人了。

习惯清单

体能类习惯：

☐ 有规律的运动

☐ 健康的饮食习惯

☐ 充足且高质量的睡眠

思维类习惯：

☐ 觉察自己的思维模式

☐ 用理性脑控制感性脑

☐ 培养自己的自信心

☐ 管理自己的焦虑

☐ 正确对待压力

☐ 养成冥想习惯

☐ 定期放空自己

第四章
Target，目标，能量的积累

情感类习惯：

☐ 保持良好的人际关系

☐ 区分评价与陈述事实

☐ 觉察并管理自己的情绪

☐ 学会移情倾听

☐ 学会赞美他人

☐ 学会表达感谢

智力类习惯：

☐ 能够觉察自己的注意力

☐ 学会专注工作

☐ 合理使用碎片化时间

☐ 运用圆方规划图践行自己的目标

以上的每一个习惯都是你的一个重要技能，技能就好比游戏中的道具和装备，当你拥有了大量的道具和装备，而他人没有的时候，如果你和对方操纵的是同一个人物角色的话，你也会把对方秒杀，甚至会把对方团灭直至超神。对方甚至会怀疑你开挂了，是的，这就是你的技能让你积淀了大量能量的体现，一个具有低能量的人是没办法和一个高能量的人PK的，所以我们才说个人成长的本质就是

HEAT 能/量/法/则

能量的积累。愿你的人生也养成一个个重要的技能，积淀更多的能量，过一个开挂的人生。

践行 HEAT 法则

体能类习惯
- ☑ 有规律的运动
- ☑ 健康的饮食习惯
- ☑ 充足且高质量的睡眠

智力类习惯
- ☑ 能觉察自己的注意力
- ☑ 学会专注工作
- ☑ 合理使用碎片化时间
- ☑ 用图方规划图践行自己的目标

思维类习惯
- ☑ 觉察自己的思维模式
- ☑ 用理性脑控制感性脑
- ☑ 培养自己的自信心
- ☑ 管理自己的焦虑
- ☑ 正确对待压力
- ☑ 养成冥想习惯
- ☑ 定期放空自己

情感类习惯
- ☑ 保持良好人际关系
- ☑ 区分评价与陈述事实
- ☑ 觉察并管理自己的情绪
- ☑ 学会移情倾听
- ☑ 学会赞美他人
- ☑ 学会表达感谢

HEAT 法则符合复利效应　重复+耐心

后记

做一个独立思考的践行者

我们在书籍的开始提到过，人与人的差异本质上是能量的差异化。不管是我们常听到认知的差异化、思维模式的差异化还是用高维度的思维去解决低维度问题的降维打击，本质上都是能量的差异化。那么，能量从何而来呢？能量来自于思考后的行动以及行动后的思考。

HEAT能量法则的四个部分——习惯、精力、注意力、目标，恰恰就是给那些想成为高能量的人提供了一个全面且有针对性的行动理念、方法和工具。每一个部分都需要不断地有针对性地训练才可以掌握，进而变成一种习惯，从而形成一种正反馈循环。良好的习惯有利于目标的持续达成，目标的达成同时又成为一种习惯，如此往复。

想成为一个高能量的人，需要独立思考能力，切忌盲目跟风。比如今天看见别人买了什么课,发现自己没有,觉得要落伍了,然后自己也买了。明天看见和自己能力差不多的人在朋友圈晒图"我是如何在30天内把网课卖到100万的",于是自己心里也长草了,犹豫是不是也要开个线上课程。一方面,我们担心学的没别人多、没别人快而焦虑,另一方面,我们担心赚的没别人多、没赶上这一波红利而焦虑。越是到这个时候,越是需要我们具有独立思考的能力,很多焦虑都是被人为制造出来的,制造焦虑是为了引发恐慌,从而让我们崇拜权威,进而收割我们。那些真正的高能量的人都在默默地专注在自己的领域,不断地积累自己。没时间制造焦虑,更不可能被焦虑所传染。用吴伯凡老师的话说,"所谓焦虑,就是无方向、无目的、无结果地把宝贵的心智能量消耗在毫无战略性可言的机会点上。"所以积累能量需要拥有明确的目标和方向,进而把自己的精力和注意力投入到自己的目标上面,才是成为高能量人士的根本。

想成为一个高能量的人,需要脚踏实地的精神,切勿追求速成。能量的体现核心在于通过践行打造出能够被人识别出来的技能或者作品,你的作品会代替你说话,如果你想提升写作,那么就写一本书,或者写出几篇阅读量10万+的文章。如果你想学习演讲,那么就加入一个演讲组织专心练上三五年，我已经加入 Toastmasters 国际演讲会五年多了，每周都会上台演讲，刻意练习。任何技能要成为能够被他人认可的优势，背后都需要无数个"刻意练习"的时刻，是不可能一下子速成的，没有谁是参加完两天的演讲培训就成为了演讲高手。长期来看，那些还没打牢地基就火了的人并不一定是幸运儿，当风口过了，不再那么火的时候，由于偶像包袱的存在，他们很难再静下心来专注打磨自己的技能。对于绝大部分年轻人而言，专注地打磨自己的核心技能，才是积累能量优势的最佳途径。在这样一个扁平化、去中心化的时代，你若真的有本事，有核心技能，有能量，绝对不用担心不出名的问题。

在追求个人成长的道路上，做一个独立思考的践行者，如果你是一个认同厚积薄发、一步一个脚印、想持续成长而不是追求昙花一现的人，那么践行 HEAT 能量法则就是非常好的行动指南，HEAT 能量法则并不能让你速成，但却可以让你走得稳，最终会走得越来越快，越来越远。你无需成为别人，无需被诱惑，积淀好自己，成为高能量的人，属于你的红利期必将到来。

参考文献

[1] 查尔斯·都希格. 习惯的力量 [M]. 吴奕俊, 陈丽丽, 曹烨, 译. 北京: 中信出版社, 2013.

[2] 斯科特·扬. 如何改变习惯: 手把手教你用 30 天计划法改变 95% 的习惯 [M]. 北京: 机械工业出版社, 2016.

[3] 斯蒂芬·盖斯. 微习惯: 简单到不可能失败的自我管理法则 [M]. 桂君, 译. 江西: 江西人民出版社, 2016.

[4] 吉姆·洛尔, 托尼·施瓦茨. 精力管理: 管理精力, 而非时间·互联网+时代顺势腾飞的关键 [M]. 高向文, 译. 北京: 中国青年出版社, 2015.

[5] 李中莹. 重塑心灵（升级版）[M]. 北京: 北京联合出版公司, 2015.

[6] 凯利·麦格尼格尔. 自控力: 和压力做朋友 [M]. 王鹏程, 译. 北京: 北京联合出版公司, 2016.

[7] 马歇尔·卢森堡. 非暴力沟通 [M]. 阮胤华, 译. 北京: 华夏出版社, 2016.

[8] 安迪·普迪科姆. 简单冥想术: 激活你的潜在创造力 [M]. 林盛, 译. 北京: 电子工业出版社, 2014.

[9] 阳亚菲. 没有处不好的上司，没有管不了的下属：不可不知的 DISC 职场沟通术 [M]. 广东：广东经济出版社，2013.

[10] 李海峰. DISCOVER 自我探索（全彩）[M]. 北京：电子工业出版社，2014.

[11] 特奥·康普诺利. 慢思考：大脑超载时代的思考学 [M]. 阳曦，译. 北京：九州出版社，2016.

[12] 诺特伯格. 番茄工作法图解：简单易行的时间管理方法 [M]. 大胖，译. 北京：人民邮电出版社，2011.

[13] 李笑来，把时间当作朋友（第 3 版）[M]. 北京：电子工业出版社，2013.

[14] 格列宁. 奇特的一生（珍藏版）[M]. 侯焕闳，唐其慈，译. 北京：北京联合出版公司，2013.

[15] 于尔根·沃尔夫. 专注力：化繁为简的惊人力量（原书第 2 版）[M]. 朱曼，译. 北京：机械工业出版社，2013.

[16] 于翠霞，王鹏程. 圆梦职场：个人战略管理手册 [M]. 北京：机械工业出版社，2016.

[17] 史蒂芬·柯维. 高效能人士的七个习惯（25 周年纪念版）[M]. 高新勇，王亦兵，葛雪蕾，译. 北京：中国青年出版社，2015.

[18] 克莱顿·克里斯坦森，詹姆斯·奥沃斯，凯伦·迪伦. 你要如何衡量你的一生 [M]. 丁晓辉，译. 吉林：吉林出版集团有限责任公司，2013.

[19] 古典. 你的生命有什么可能 [M]. 湖南：湖南文艺出版社，2014.

[20] 戴钊. 自我教练：迈向自我实现之路 [M]. 北京：机械工业出版社，2015.

—— 好书是俊杰之士的心血，智读汇为您精选上品好书 ——

作者谈人生、谈事业、谈成功，向我们展示了一个充满灵性的生命旅程，具有思想启迪与行动指导意义。 | 央视百家讲坛大咖鲍鹏山、韩田鹿、郦波联袂推荐，已使成千上万企业家学员受益！ | 从逻辑的起点，到形式逻辑的三大基本规律和基本推理，再到19种逻辑谬误等概念浅近直白地呈现出来。

本书通过演说智慧、销讲智慧、导师智慧、领袖智慧帮助企业家提高演讲水平，更好地"为自己代言"。 | 让更多的家长掌握家庭教育的方向和方法，增加家庭的幸福感，提升全民的整体素质和生命的品质。 | 以小说生动细腻的笔触+专业的职业生涯指导，写就一部毕业十年最感人职场与爱情双丰收励志小说！

购书通道　　

智读汇淘宝店　　智读汇微店

—— 关于"书课联盟伴你成长"的温馨提示 ——

　　我们倡导学以致用、知行合一，特别推出互联网时代学习与成长群。所有"智读汇·名师书苑"的精品图书背后，都有老师精品课程值得关注。

　　欢迎关注、加入我们为每一本书量身定制的书友社群（微信客服：zhiduhui9），通过从图书到微课分享到线下课程与入企辅导等全方位、立体化的尊贵服务，助您突破阅读、卓越成长！

书　好书是俊杰之士的心血，智读汇为您精选上品好书。

课　首创图书售后服务，关注公众号、加入读者社群即可收听/收看作者精彩微课，还有线上读书活动，聆听作者与书友互动分享。

社群　圣贤曰："物以类聚，人以群分。"这是购买、阅读同一本书的书友专享社群。以书会友，无限可能。

　　欢迎咨询作者课程，希望到课堂现场聆听作者精彩分享请与我们联系，我们共同分享阅读、学习与成长的乐趣！咨询电话：13816981508

——好书是俊杰之士的心血，智读汇为您奉上20堂写作课——

关注"书课联盟"公众号，
"在线课堂"中免费试听

—智读汇系列精品图书诚征优质书稿—

  智读汇全媒体出版中心以"内容+"为核心理念的教育图书出版平台，与出版社及社会各界强强联手，整合一流的内容资源，多年来在业内享有良好的信誉和口碑。《培训》杂志理事单位，及众多培训机构、讲师平台、商会和行业协会图书出版支持单位。

  向致力于为中国企业发展奉献智慧，提供培训与咨询的培训师、咨询师、优秀的创业型企业、企业家和社会各界名流诚征优质书稿和全媒体出版计划，同时承接讲师课程价值塑造及企业品牌形象的音像光盘、微电影、电视讲座、创业史纪录片等。

  出版咨询：13816981508（兼微信）